프로그래머 수학

- 프로그래머를 위한 이산수학 -

이 주 영 · 著

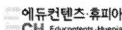

서 문

이산수학은 컴퓨터공학(CE) 및 컴퓨터과학(CS)에서 가장 기본적인 수학 과정 중 하나입니다. 컴퓨터에서 정보는 이산(discrete) 형태로 저장되고 조작되기 때문입니다. 컴퓨터 학문은 수학을 기초로 하며, 컴퓨터에서 실행되는 프로그램은 논리에서 기초로 합니다.

이 교재를 집필한 목적은 컴퓨터학을 전공하는 학생들에게 자료구조, 알고리즘, 관계형 데이터베이스 이론, 컴파일러 설계, 암호이론, 그래픽스 등 주요한 컴퓨터 학문의 핵심 이론과 응용에 효율적으로 쉽게 접근할 수 있도록 이산수학에서 다루는 개념들 중 필요한 기본적인 개념과 주제들을 모아 제공하고자 하였습니다. 또한 학부생들이 컴퓨터학의 세계에 들어가기 위해 필요한 수학적 언어, 지식 및 문제해결 기술을 소개합니다.

본 교재는 총 9개의 장으로 구성되어 있으며, 대부분의 주제들은 고교과정에서 학생들이 이미 학습한 내용들로 컴퓨터공학과 관련지어 설명하고자 하였습니다. 다만 6장의 행렬은 학생들에게는 생소한 내용으로 그래픽스 과목을 위해 도움이 되도록 구성하였습니다.

각 장은 분량에 따라 1주에서 2주 정도 다루면 됩니다. 본문 중에 있는 예제들은 수업시간에 학생들이 얼마나 이해하고 있는지를 확인하고자 하는 문제들이며, 각 장의 끝에 있는 연습문제들은 수업시간 외에 학생들이 스스로 공부하는데 활용할 수 있을 것입니다.

학생들이 본 교재를 통해 이산수학의 기본 개념을 이해함으로써 수학적 사고와 문제해결 능력을 키울 수 있게 되기를 바라는 마음입니다.

끝으로, 본 교재의 출간을 위해 큰 도움을 준 에듀컨텐츠휴피아 출판사의 이상렬 대표를 비롯한 임직원 여러분께 고마움을 표합니다.

2020년 1월
저자 이 주 영

목 차

1장. 개요
- 1-1. 이산수학이란?   3
- 1-2. 이산적 개념과 연속적 개념   4
- 1-3. 수의 분류   4

2장. 순서도
- 2-1. 순서도의 개념   5
- 2-2. 순차 논리   8
- 2-3. 선택 논리   9
- 2-4. 반복 논리   13

3장. 논리와 명제
- 3-1. 논리와 명제   21
- 3-2. 논리 연산   22
- 3-3. 조건 명제   25
- 3-4. 항진 명제와 모순 명제   30
- 3-5. 논리적 동치 관계   31
- 3-6. 추론   37
- 3-7. 술어 논리   41
- 3-8. 수량자와 수량자의 부정   43
- 3-9. 여러 개의 수량자를 포함하는 술어 논리   48

4장. 증명법
- 4-1. 수학적 귀납법   53
- 4-2. 직접 증명법   56
- 4-3. 간접 증명법   58

5장. 집합론
- 5-1. 집합의 표현(Representation of Sets)   63
- 5-2. 집합의 연산   66
- 5-3. 집합류와 멱집합(Class and Power sets)   71
- 5-4. 집합의 분할   72

6장. 행렬
- 6-1. 행렬의 개념   77
- 6-2. 행렬의 종류   78
- 6-3. 행렬의 곱   80
- 6-4. 행렬식   82
- 6-5. 역행렬   86

7장. 관계
- 7-1. 이항관계   93
- 7-2. 관계의 표현 (Representation of Relations)   94
- 7-3. 합성 관계   97
- 7-4. 관계의 성질   101
- 7-5. 동치 관계와 분할   106
- 7-6. 순서 관계   110

8장. 함수
- 8-1. 함수의 개념   115
- 8-2. 단사 함수, 전사 함수, 전단사 함수   118
- 8-3. 합성 함수   121
- 8-4. 여러 가지 함수들   127

9장. 그래프와 트리
    9-1. 그래프의 기본 개념   135
    9-2. 그래프의 용어   136
    9-3. 그래프의 표현 방법   140
    9-4. 특수형태의 그래프   142
    9-5. 트리의 기본용어   148
    9-6. 이진트리   149
    9-7. 이진트리의 탐방   151

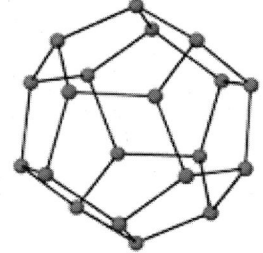

프로그래머를 위한
이산수학

프로그래머 수학

이 주 영 · 著
(덕성여자대학교 교수)

에듀컨텐츠·휴피아

1장 개요

과학 기술과 공학적 응용에 있어서는 수학이 중요한 기초가 된다. 컴퓨터 학도들이 컴퓨터에 관련한 전반적인 분야를 이해하는데 도움을 주는 이산수학의 주되고 기본적인 개념을 학습함으로써, 문제에 대한 이해의 폭을 넓혀주고 응용력을 키워주어 학문적 기반을 탄탄하게 마련해줄 것이다.

1-1. 이산수학이란?

이산수학의 정의

이산수학(discrete mathematics)에서 이산(discrete)이란 말은 연속성이 없는 분리된 상태라는 뜻이다. 이산수학에서는 실수 같이 연속적인 성질을 대상으로 하지 않고 주로 정수, 그래프, 논리 연산 같이 서로 구분되는 값을 가지는 대상을 연구한다. 즉, 연속의 개념을 사용하는 미분적분학이나 수치해석 같은 분야에서 다루는 주제는 다루지 않고, 이산적인 분리된 대상의 성질들을 다루고 분석하여 응용의 기반으로 삼는다. 분리된 값을 다룬다는 것은, 0과 1이라는 분리된 값으로 모든 데이터를 표현하고 처리하는 컴퓨터의 특징과 관련이 많이 있다.
이산수학에서 다루는 주제들은 많은 컴퓨터 관련된 문제를 연구하는 데 유용하다.

이산수학을 배우는 이유

전산학을 공부하는 데 있어서 이산수학의 개념을 먼저 이해하는 것은 반드시 필요하다. 컴퓨터에 적용되는 많은 개념들은 이산적인 개념을 포함하고 있다. 예로, 컴퓨터 프로그램의 논리는 참, 거짓으로 분명하게 분리된 개념으로 나타내어야 하며, 함수의 입력과 출력 관계 또한 분명하게 분리되어야 처리된다. 이산적인 수학적인 사고와 기본적인 개념은 컴퓨터 관련된 문제를 이해하고 연구하는 데 아주 유용하다.
이산수학에서 다루는 주제들인 논리, 명제, 집합, 증명법, 관계, 함수, 그래프, 트리, 행렬 등은 컴퓨터 분야의 자료구조, 컴퓨터 알고리즘, 프로그래밍 언어, 소프트웨어 개발, 이산구조, 모델링, 운영체제 등의 핵심 이론을 빨리 이해하고 응용할 수 있도록 바탕을 확립해준다.

1-2. 이산적 개념과 연속적 개념

일상생활에서 접할 수 있는 이산적인 것은 디지털시계에서, 연속적인 것은 아날로그시계에서 설명할 수 있다. 디지털시계는 일정한 속도의 간격으로 초, 분 등의 숫자로 변환시키면서 시각을 나타낸다. 반면, 아날로그시계는 시침, 분침, 초침 등을 가지고 연속적으로 일정하게 움직이면서 시각을 나타낸다.
이산적이라는 것은 '연결되지 않고 분리된' 값들로 구성되며, 연속적이라는 것은 '끊어짐이 없이 연결된' 값들로 구성된다는 뜻이므로, 이 두 분야는 서로 상반되는 수학 분야라고 말할 수 있다.

1-3. 수의 분류

수는 다음 그림 1.1과 같이 분류될 수 있다. 이러한 분류를 수 체계라고 한다.

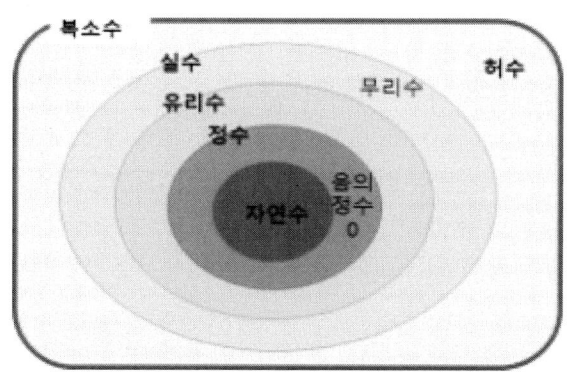

[그림 1.1] 수의 체계

- 자연수(natural number: **N**) : 0보다 큰 양의 정수
- 정수(integer: **Z**) : 양의 정수, 0, 음의 정수
- 유리수(rational number: **Q**) : $\frac{a}{b}$로 표현되는 수, $a,b \in Z$(정수), $a \neq 0$
- 무리수(irrational number: **I**) : $\frac{a}{b}$로 표현할 수 없는 수, $a,b \in Z$(정수), $a \neq 0$
- 실수(real number: **R**) : 자연수, 정수, 유리수, 무리수를 모두 포함하는 수 체계

2장 순서도

문제를 해결하기 위해 어떤 단계로 나누어 어떤 순서로 처리할 것인가를 계획하여야 한다. 이러한 과정을 논리 설계라고 하며, 글로 표현하는 것보다 순서도를 이용하면 이해하기도 쉽고 편리하다.

2-1 순서도(flowchart)의 개념

순서도란?

문제를 해결하는 절차를 알고리즘(algorithm)이라 하며, 이러한 알고리즘을 기호 등으로 표현한 것이 순서도(flowchart)라고 한다. 순서도는 약속된 기호를 이용하여 문제의 논리적 흐름을 도형으로 나타낸 그림이다. 프로그램 코딩의 기초라고 할 수 있으며, 문제 처리 과정을 논리적으로 파악할 수 있고 문제를 이해하고 분석하여 다른 사람에게 전달하는 것이 쉽고 오류 수정과 유지 보수를 용이하게 해준다. 단, 복잡한 알고리즘은 기술하기 어려울 수 있다. 이러한 순서도에 따라 프로그래밍 언어의 문법에 맞게 문장으로 변환시켜준 것이 바로 프로그램(program)이다.

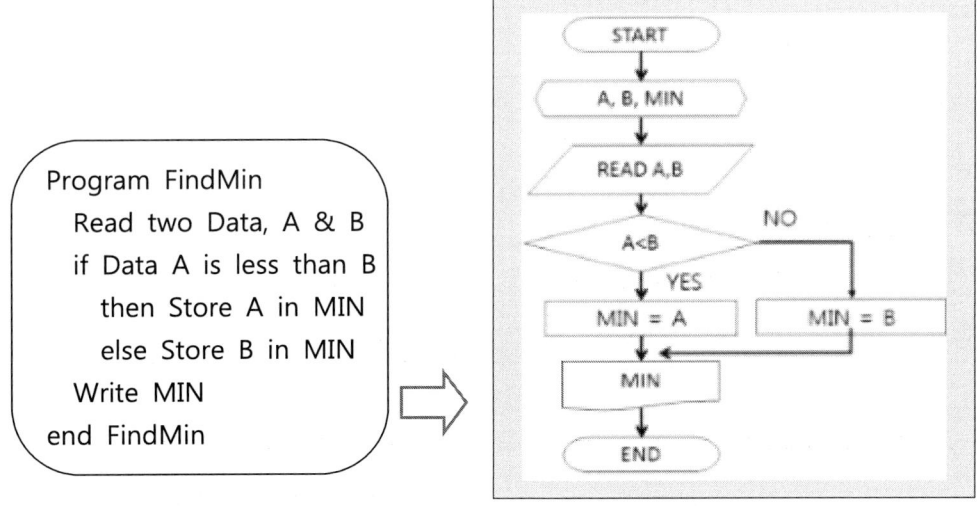

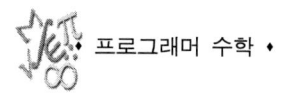

순서도 기호

순서도를 작성하기 위한 기호는 의미나 사용법이 통일되지 않는다면 이해하는데 어려움이 있을 수 있다. 기호의 작성 규칙에 대한 표준화가 있어야 한다. 국제표준화기구 (ISO: International Standard Organization)에서 30가지 순서도 기호를 추천 규격 안으로 정해놓았다. 기본 기호와 프로그래밍 관련 기호는 다음과 같다.

● 기본 순서도 기호

처리(process)	입출력(input/output)	흐름선(flow-line)
- 직사각형	- 평행사변형	- 처리간의 연결
연산, 기억장소 값의 변동, 데이터 이동 등의 모든 처리과정을 표시	입력과 출력을 표시	작업의 흐름을 나타내며, 선이 연결되는 순서대로 진행

연결자(connector)	페이지 연결자 (page connector)	설명, 주석(comment)
같은 페이지 내에서 다른 순서도와 연결하는 기호	다른 페이지로 연결하는 기호 (주로, 한 페이지에 표시하지 못하는 경우)	순서도의 각 기호에 대한 추가적, 구체적인 설명

● 프로그래밍 관련 순서도 기호

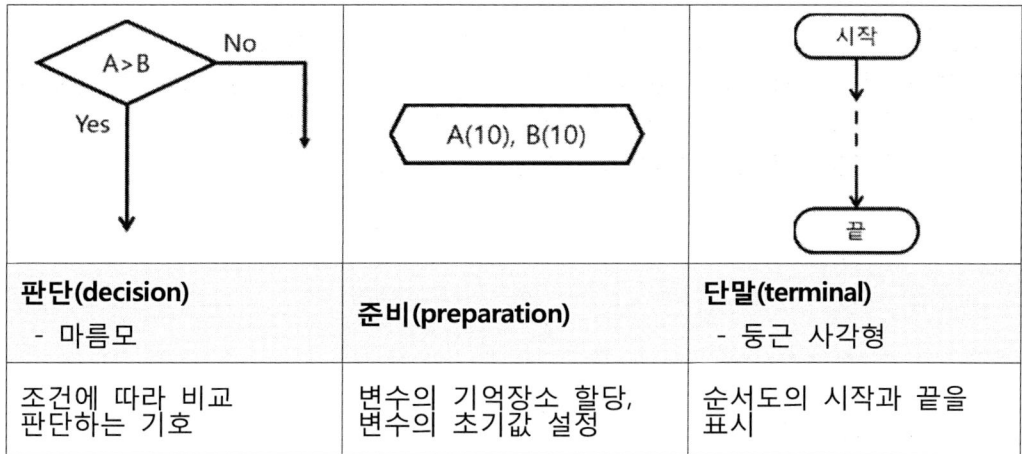

판단(decision) - 마름모	준비(preparation)	단말(terminal) - 둥근 사각형
조건에 따라 비교 판단하는 기호	변수의 기억장소 할당, 변수의 초기값 설정	순서도의 시작과 끝을 표시

순서도 종류

순서도는 다음 그림 2.1과 같이 시스템 순서도와 프로그램 순서도로 구분할 수 있다.

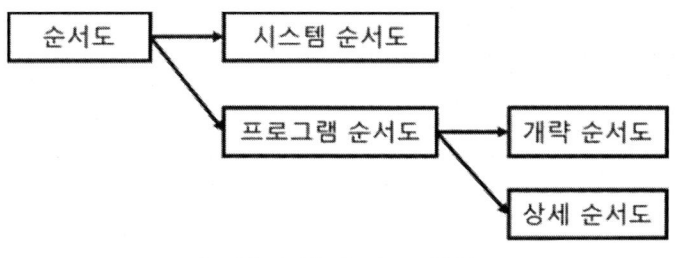

[그림 2.1] 순서도 구분

시스템 순서도는 원시 데이터 생성 단계에서 최종 결과까지의 전체 과정을 데이터의 흐름을 중심으로 표현한 것이다. 컴퓨터의 외부에서 수행되는 모든 과정을 나타내며, 데이터의 흐름이 중심이므로 데이터가 처리되는 작업 단위로 나타내고 데이터가 변환되는 매체들을 표현한다. 그러므로 프로그램 논리는 표현하지 않는다.

프로그램 순서도는 프로그래밍 단계에서 사용하며 컴퓨터 내부에서 수행되는 처리 과정을 표현한 것으로 프로그램 논리를 나타낸다. 프로그램 순서도는 개략 순서도와 상세 순서도로 나뉜다. 시스템 순서도는 '어떤 일을 하는가?'를 표현한 것이라면, 프로그램 순서도는 '어떻게 일을 하는가?'를 표현한 것이라고 보면 된다. 본 교재에서는 프로그램 순서도를 중심으로 서술한다.

순서도 작성 방법

순서도 작성은 문제 해결을 위한 처리 방법을 논리적인 순서대로 2-1절에 있는 순서도 기호를 사용하여 표현한다. 순서도를 작성하려면 먼저 문제 해결 방법이 논리적인 절차대로 준비되어야 한다. 순서도의 시작과 끝은 둥근 사각형 모양의 단말 기호를 사용하며, 논리의 흐름은 위에서 아래로 화살표 모양의 흐름선 기호로써 연결한다. 그 외의 순서도 기호들을 사용하여 논리적인 절차에 맞게 나타낸다.

프로그램의 기본 논리 구조

- 순차 논리 : 주어진 명령들을 순차적으로 하나씩 수행
- 선택 논리 : 현재 값을 기준으로 상태를 판단(참과 거짓)하여 명령을 수행
- 반복 논리 : 주어진 조건에 따라서 반복적으로 명령을 수행

2-2절~2-4절에서는 프로그램의 기본 논리 구조인 순차형, 선택형(판단형), 반복형에 대해 각각 설명한다.

2-2 순차 논리

명령 또는 처리를 순서대로 한 번씩 처리하고 끝나는 형태를 순차형(sequence)이라고 한다. 이 형태는 가장 기본적인 형태로서 간단한 문제 처리인 경우에서 나타난다. 그림 2.3과 같이 직사각형 모양의 처리 기호를 사용하여 명령 또는 처리 내용을 나타낸다.

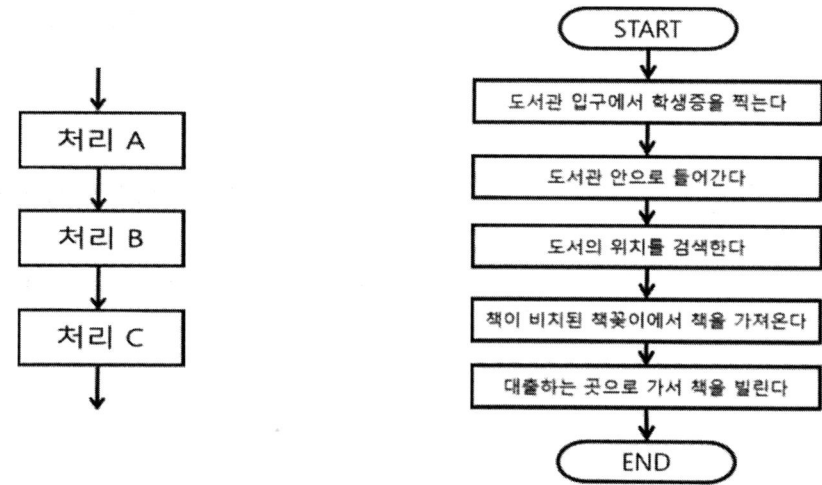

[그림 2.2] 순차형 순서도와 예 (도서관에서 책을 빌리는 과정의 순서도)

【예제 2.1】 다음 문제에 대해 순서도를 작성하시오.
   (1) 가로(X)가 4cm이고 세로(Y)가 6cm인 사각형의 넓이(AREA)를 출력한다.
   (2) 4개의 수 x, y, i, j를 읽어 합(S)과 평균(A)을 출력한다.
   (3) 두 수 A, B를 읽어서 변수 A에 저장된 값에 1을 더하고, 변수 B에 저장된 값에 1을 뺀 후 그 값들을 출력한다.

▶ ▶풀이

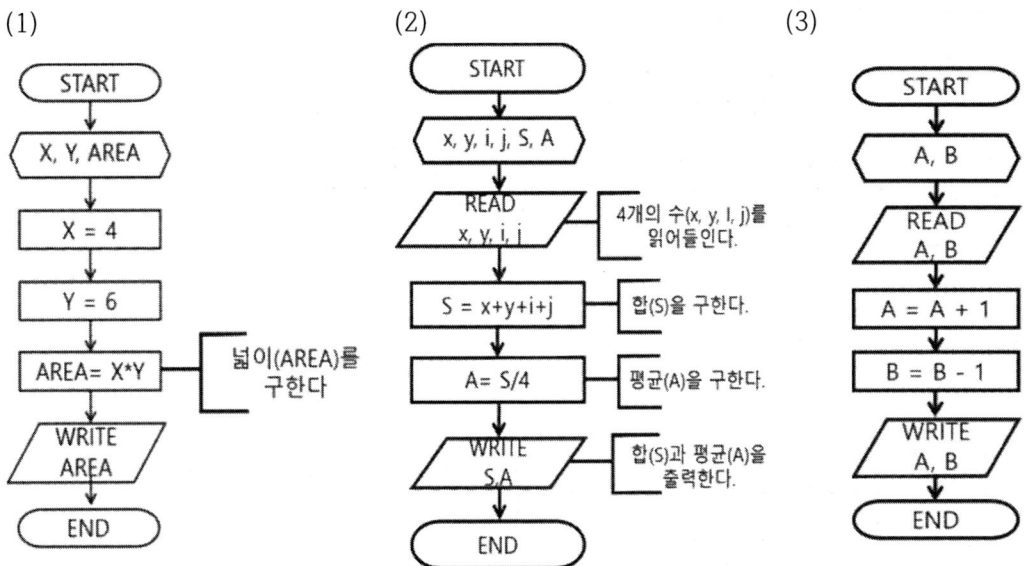

순서도에서 '='은 assignment를 나타내며, '=='는 equal을 나타내는 기호로 사용하기로 한다.

‖[문제 1]‖
  1. 두 수 A, B를 읽어서 A의 값을 B에, B의 값을 A에 바꾸어 저장하는 순서도를 작성하시오.
  2. 두 수 X, Y를 읽어서 두 수의 합과 곱을 출력하는 순서도를 작성하시오.

2-3. 선택 논리

조건에 따라서 처리 내용을 다르게 해야 할 경우, 조건을 판정하거나 비교하기 위해 마름모 모양의 판단 기호를 사용한다. 이와 같은 형태를 선택형(selection)이라고 부르며 그림 1.4와 같다. 선택형은 조건의 결과가 반드시 참 혹은 거짓이어야 한다. 조건의 결과가 애매모호하면 선택 논리가 성립되지 않는다.

선택형 순서도

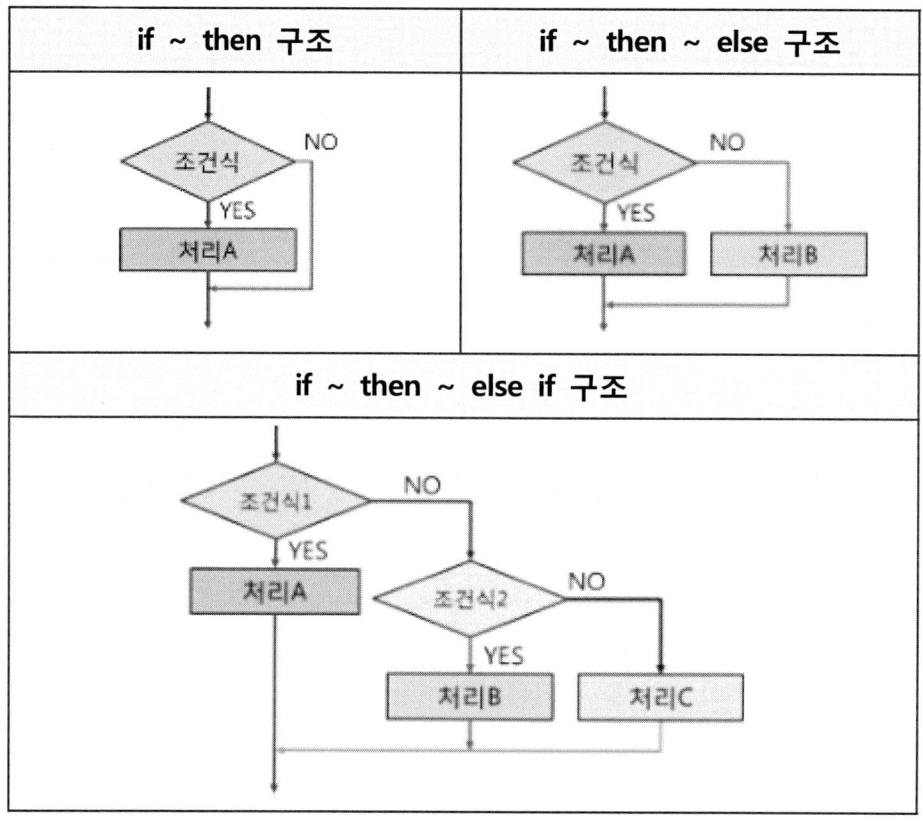

[그림 2.3] 선택형 순서도

【예제 2.2】 다음 문제에 대해 순서도를 작성하시오. (단, 같은 수는 존재하지 않는다고 가정한다.)
    (1) 두 수 A, B를 읽어서 최솟값(MIN)을 출력하는 순서도를 작성하시오.
    (2) 세 개의 수를 읽어서 최솟값을 출력하는 순서도를 작성하시오.

▶▶풀이

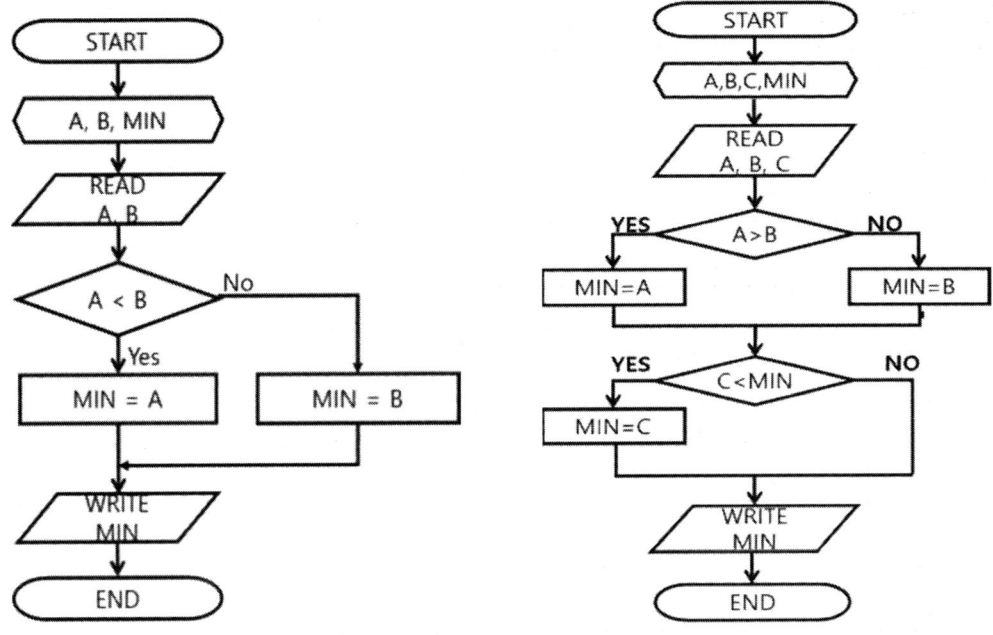

【예제 2.3】 한 개의 숫자를 입력받아 홀수, 짝수를 판별하여 출력하는 순서도를 작성하시오.

▶▶풀이

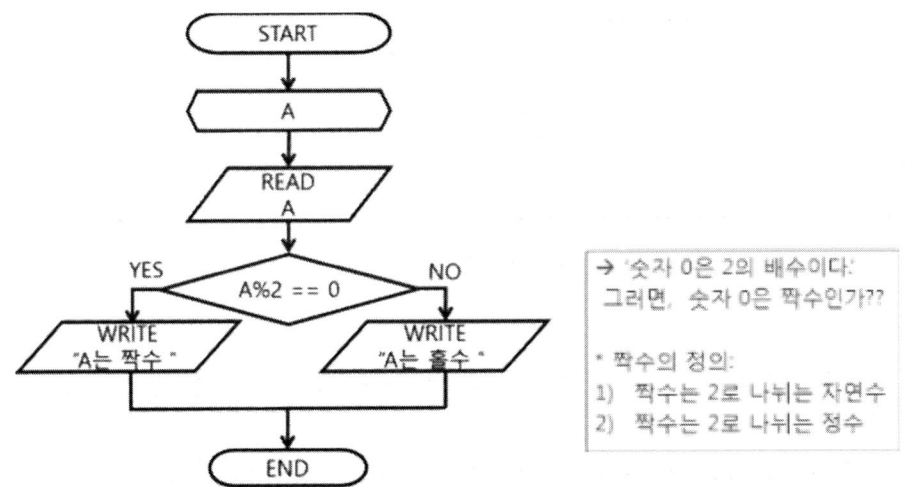

‖[문제 2]‖ 세 개의 수를 읽어서 최댓값(MAX), 중간값(MID), 최솟값(MIN)을 출력하는 순서도를 작성하시오. (단, 같은 수는 존재하지 않는다고 가정한다.)

【예제 2.4】 사용자의 사용량에 따른 사용액을 구하려 한다. 다음 조건을 만족하는 순서도를 작성하시오.

> 1. 입력형식 : 사용자번호, 등급, 사용량
> 2. 출력형식 : 사용자번호, 등급, 사용액
> 3. 처리조건 : 등급별 단가 (1등급=500원, 2등급=400원, 3등급=300원)
>   사용액 = 단가 * 사용량

▶▶풀이

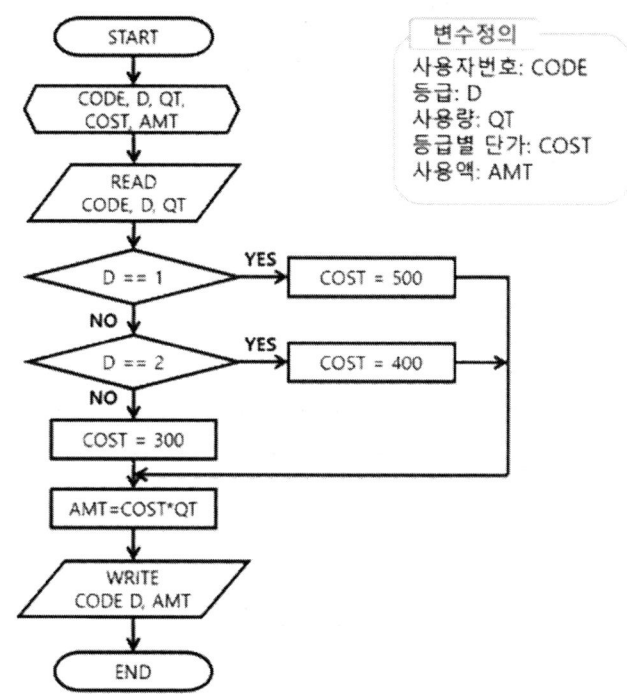

【예제 2.5】 다음의 자료를 읽어서 주당 급여를 계산하는 순서도를 작성하시오.

> 1. 입력형식 : 사원번호, 근무시간, 시간당 금액
> 2. 출력형식 : 사원번호, 총 급여
> 3. 처리조건 : 근무시간이 40시간 초과 시, 초과시간에 대해 시간당 금액의 추가 50%를 더 지급한다. (즉, 150% 지급)

▶▶풀이

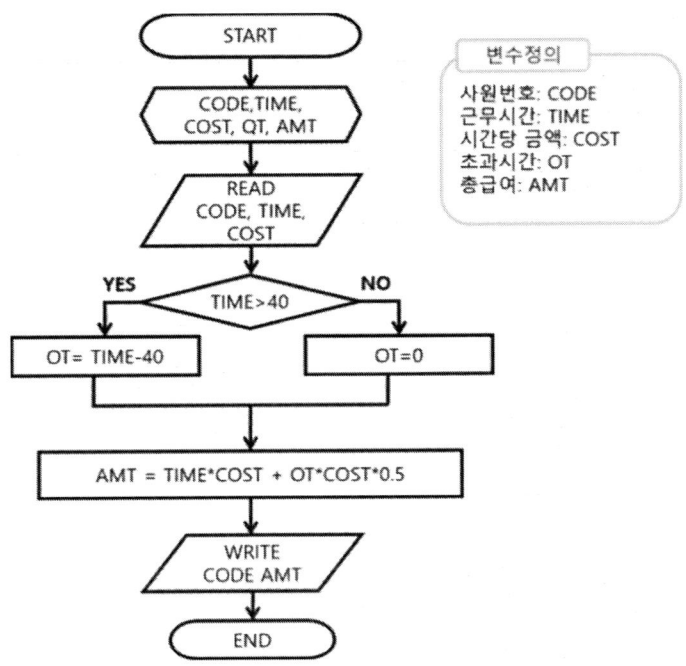

‖[문제 3]‖   다음의 자료를 읽어서 학점을 부여하는 순서도를 작성하시오.

1. 입력형식 : 학번, 중간, 기말
2. 출력형식 : 학번, 평균, 학점
3. 처리조건 : 학점 판정 기준은 다음과 같다.
   ▶평균 80점 이상은 A, 평균 80점 미만부터 60점까지 B, 나머지는 C

2-4. 반복 논리

임의의 조건을 충족시킬 때까지 일정 부분을 반복하여 실행하는 형태를 반복형 (repetition)이라고 부른다. 반복되어 처리되는 부분을 루프(loop)라고 한다. 반복 논리 에서는 선택 논리의 경우와 같이 마름모 모양의 판단 기호인 조건이 반드시 수반되어 야 한다. 만일 조건이 존재하지 않는 반복이라면, 무한 반복이 되어 프로그램은 영원히 종료되지 않는다.

프로그래머 수학 ◆

반복형 순서도는 for문을 사용하는 형태와 while문을 사용하는 형태로 나뉘며 그림 2.4와 같다.

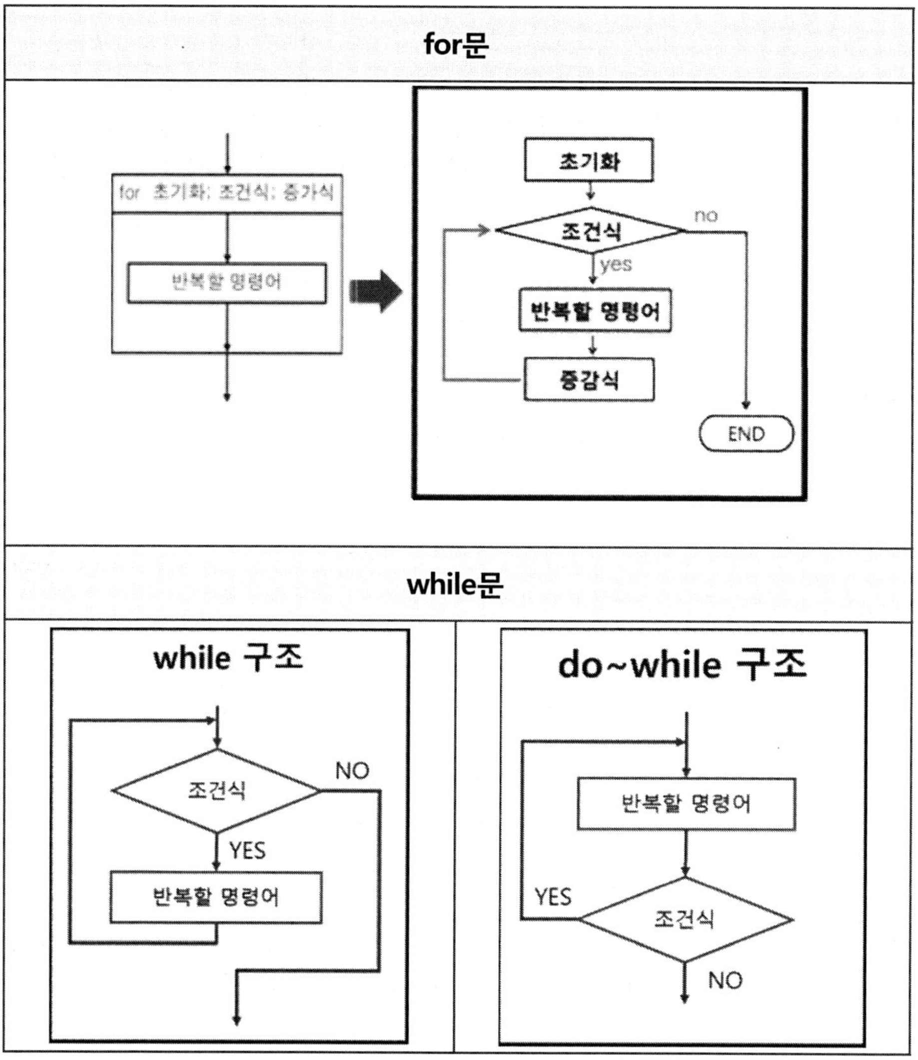

[그림 2.4] 반복형 순서도

● **for문을 사용하는 반복형 순서도**

그림 2.4의 for문 구조에서 왼쪽 그림은 개괄적인 형태이며 오른쪽은 순서도 기호를 사용하여 더 구체적으로 나타낸 그림이다. 이 책에서 우리는 오른쪽 그림과 같은 형태로 작성하도록 한다.

● **while문을 사용하는 반복형 순서도**

다음 그림 2.5는 for문을 사용하여 1부터 100까지 숫자를 출력하는 순서도를 나타낸 예이다. 반복형 중에서 while 구조를 사용한 순서도의 경우, 그림 2.5의 for문의 순서도와 동일하다. 그러나, do~while 구조를 사용한 순서도는 for문 구조나 while 구조와는 동일하지 않다. do~while구조에서는 조건식을 만족하는지 여부를 묻지 않고 일단 먼저 문장을 수행한 후 그 다음번 수행을 반복할지를 여부를 결정하기 위해 조건식을 만족하는지 여부를 묻는 형태이기 때문이다.

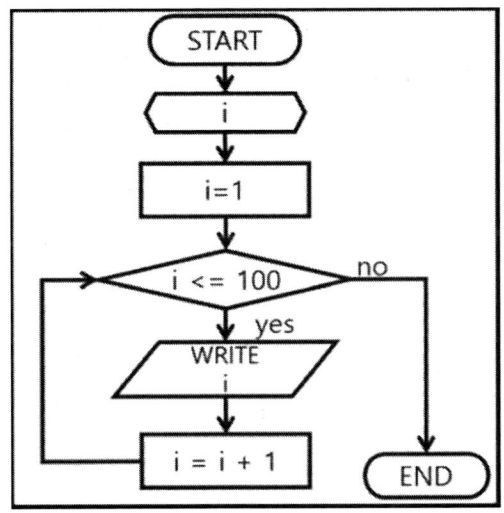

[그림 2.5] for문을 사용한 순서도

1부터 100까지 합을 출력하는 순서도를 예를 들어보자. 그림 2.6은 for문 혹은 while구조를 사용한 순서도이고 그림 2.7은 while구조를 사용한 순서도이다. for문 혹은 while 구조의 순서도와 do~while 구조의 순서도를 비교하면서 그 차이를 살펴보자.

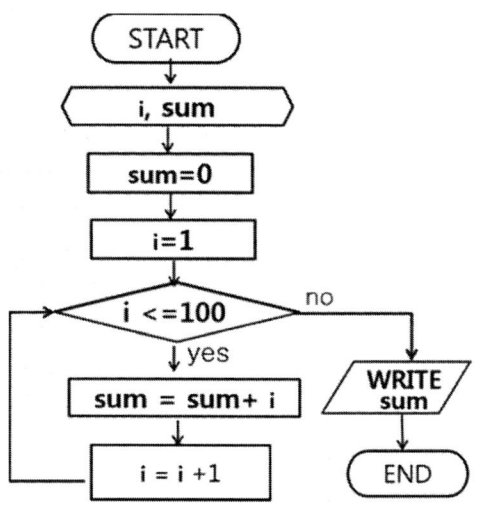

[그림 2.6] for문 혹은 while구조를 사용한 순서도 (1부터 100까지 합 출력 예)

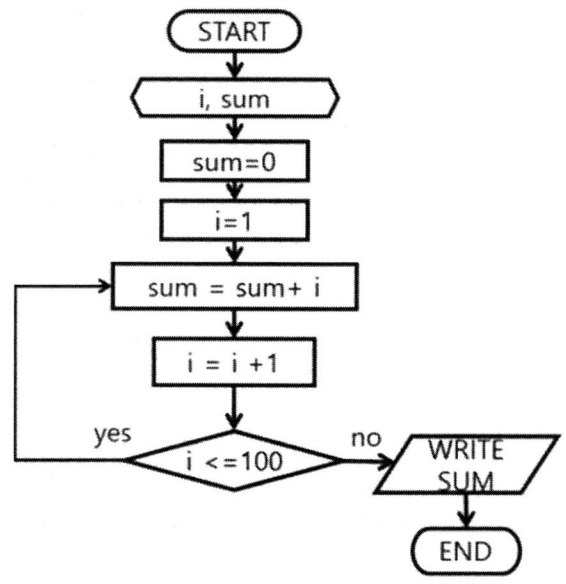

[그림 2.7] do~while구조를 사용한 순서도 (1부터 100까지 합 출력 예)

【예제 2.6】 다음 문제에 대해 순서도를 작성하시오.
  (1) 100부터 1까지 숫자를 차례로 출력한다.
  (2) 1부터 99까지 홀수만 차례로 출력한다.
  (3) 1부터 99까지 짝수만 차례로 출력한다.
  (4) 1부터 100까지의 합을 출력한다.

▶▶풀이

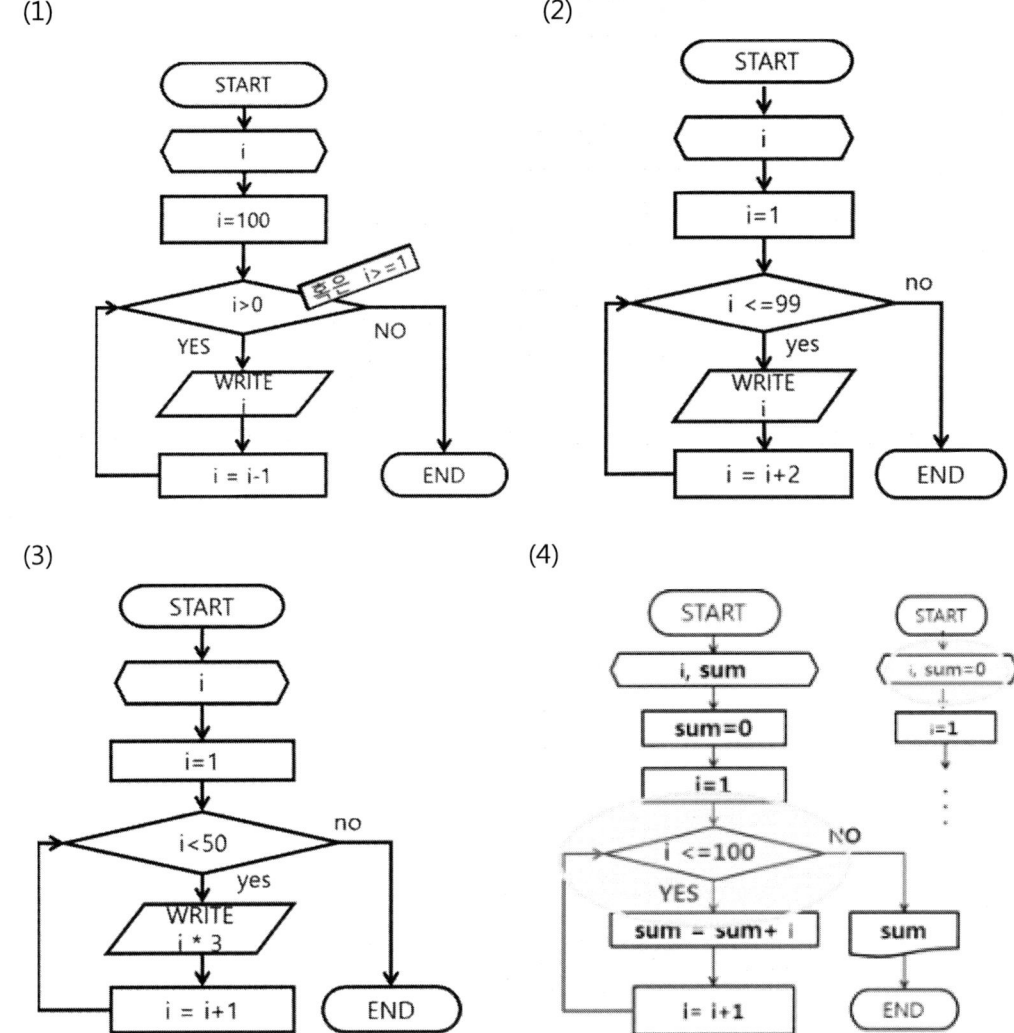

‖[문제 4]‖
(1) 1부터 100까지의 3의 배수의 합을 출력하는 순서도를 작성하시오.
(2) 1+2+ 3+ ... i > 1000인 i의 최소값을 구하시오.
   (즉, 1부터 정수를 계속 더하다가 합이 1000보다 커지는 그때의 i 값을 구한다.)

‖[문제 5]‖ 1부터 100까지 합을 구하여 출력하는 순서도 있다. 다음 4개의 순서도의 조건식을 알맞게 채워라.

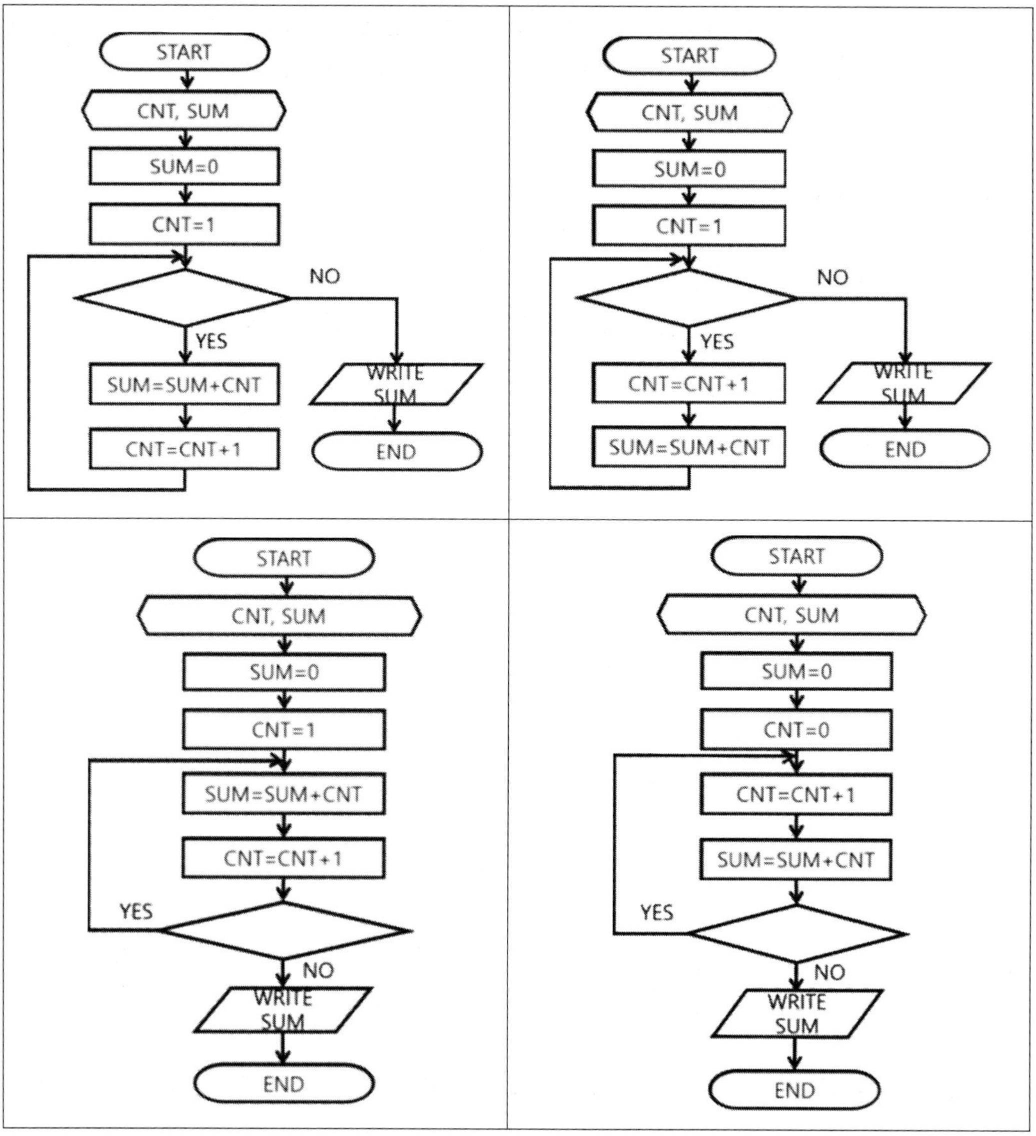

‖[문제 6]‖ 반복문을 사용하여 5개의 성적(score)을 입력받아 총점(total)과 평균(Ave)을 출력하는 순서도를 작성하시오.

‖[2장 연습문제]‖

1. 다음 나이를 입력 받아 65세 이상이면 "경로 우대권"출력하고, 아니면 "일반 승차권" 출력하며, 프로그램의 마지막에 나이와 상관없이"Thank you."를 출력하는 순서도를 작성하시오.

2. 입력받은 두 정수의 합과 차를 구하여,
    - 합이 차보다 크면 "합이 차보다 큼"
    - 작으면 "차가 합보다 큼"
    - 같으면 "차와 합이 같음"을 출력하는 순서도를 작성하시오.

3. 점수를 입력받아 학점을 부여하여 출력하는 순서도를 작성하시오.
학점 판정 기준은 다음과 같다.
    90~100점: A
    80~ 89점: B
    70~ 79점: C
    60~ 69점: D
    60점 미만: F

4. 원가와 판매가를 입력받아
    - 이익이 10% 이상 발생했을 경우 "보통 수입"
    - 20% 이상 발생했을 경우 "좋은 수익"
    - 30% 이상 발생했을 경우 "최상의 수익"을 출력하는 순서도를 작성하시오.

5. 두 개의 수를 입력받아 첫 번째 값이 두 번째 값보다 작으면 두 값을 바꾸어 출력하고, 그렇지 않으면 그대로 출력하는 순서도를 작성하시오.

6. 선택문을 사용하여 입력된 수가 양수, 0, 음수인지를 구분하여 출력하는 순서도를 작성하시오.

7. 10개의 숫자를 입력받아 0보다 큰 수에 대한 평균과 개수를 출력하는 프로그램의 순서도를 for문을 이용하여 작성하시오.

에듀컨텐츠·휴피아

3장 논리와 명제

논리(logic)란 말이나 글에서 사고나 추리 따위를 이치에 맞게 이끌어 가는 과정이나 원리를 말한다. 수학적 논리는 '인간은 왜 사는가?'와 같은 포괄적이고 철학적인 문제의 접근 방법뿐 아니라 '1+1=2'와 같은 단순한 수학 문제 해결을 위한 방법까지도 제시하는 모든 학문의 기초라 할 수 있다. 컴퓨터가 동작하는데 수학적 논리는 중요한 부분을 차지하며, 컴퓨터 과학 분야에서 프로그램 설계 및 검증, 알고리즘 설계 및 증명, 디지털 회로 설계, 관계형 데이터베이스 이론, 인공지능 등 이론적 기반이 된다.
4차 산업혁명 기술 중 논리적 판단에 따라 정보를 검색하고 분석하는 등과 관련된 기술은 이산수학의 명제와 논리와 밀접한 관련이 있는 기초 지식이라고 할 수 있다.

3-1 논리와 명제

논리는 명제 논리(propositional logic)와 술어 논리(predicate logic)로 나뉜다. 명제 논리는 주어와 술어를 구분하지 않고 전체 문장을 하나의 식으로 처리하여 참과 거짓을 판별하고 그에 대한 법칙을 다룬다. 술어 논리는 주어와 술어를 구분하여 참 또는 거짓에 관한 법칙을 다룬다.

명제(proposition)란?

참이나 거짓이 명확하게 구분이 되는 문장(statement)이나 수학적인 식을 명제라고 한다. 문장이나 식이 애매하지 않고 참인지 거짓인지를 분명하게 판별할 수 있어야 한다. 명제는 통상 영어 소문자 p, q, r, ... 등으로 표기한다. 명제가 참이면 T(true)로 나타내고 거짓이면 F(false)로 나타낸다. 이러한 참 또는 거짓의 값을 명제의 진리값(truth value)이라 한다. 명제는 참과 거짓이라는 두 가지 진리값만 가지므로 이진 논리라고 한다.

다음 명제인 문장과 아닌 문장을 구분하여 그 이유를 생각해 보자.

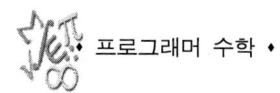

명제인 문장	
3 + 6 = 8	(거짓)
대한민국의 수도는 서울이다.	(참)
물은 수소와 산소로 이루어져있다.	(참)
3 × 4 > 0	(참)

명제가 아닌 문장
내일의 날씨는 맑다.
x + 1 > 0
컴퓨터의 가격은 비싸다.
이순신장군은 세종대왕보다 훌륭하다.

문장 '3+6=8'은 거짓인 명제이고, '3×4>0'은 참인 명제이다. 문장 'x+1>0'은 x의 값에 따라 참 혹은 거짓이 되므로 참과 거짓을 판별할 수 없다. 그러므로 명제가 아니다.

3-2 논리 연산

명제는 참이나 거짓이 명확하게 구분이 되는 문장이나 식이라고 배웠다. 명제는 하나의 문장이나 식으로 된 단순 명제와 여러 개의 단순 명제들을 연결시켜 만들어진 합성 명제(복합 명제)로 나뉘는데, 합성 명제도 논리적인 연산에 의해 참과 거짓의 진리값을 구할 수 있다. 먼저, 명제의 정의를 알아보자.

정의 : 단순 명제, 합성 명제, 논리 연산자

- **단순 명제(simple proposition)**: 참, 거짓으로 구분할 수 있는 하나의 문장이나 식
- **논리 연산자(logical operator)**: 단순 명제들을 연결시켜 주는 연결자(connectives)

명제를 두 개 이상 결합할 때 논리 연산자를 사용하며, 결합된 명제를 합성 명제(혹은 복합 명제)라 한다. 논리 연산자들의 종류는 표 3.1과 같다.

[표 3.1] 논리 연산자의 종류

연산자 이름	기호	연산자 의미
Negation (부정)	~ 혹은 ¬	NOT
Conjunction (논리곱)	∧	AND
Disjunction (논리합)	∨	OR
Exclusive OR (배타적 논리합)	⊕	Exclusive OR
Condition (조건)	→	if ... then
Bicondition (쌍방조건)	↔	if and only if (iff)

● **합성 명제(compound proposition)** : 여러 개의 단순 명제들을 논리 연산자들로 연결시켜 만들어진 명제를 말한다. 복합 명제라고도 한다.

단순 명제로부터 논리 연산자를 사용하여 합성 명제를 생성하는 예를 살펴보자.
단순 명제 p가 주어졌을 때, 명제 p의 부정은 '~p'이며 'not p' 또는 'p가 아니다'라고 읽는다. 기호 '~' 대신 '¬'를 사용하기도 한다. 두 명제 p, q가 주어졌을 때, p와 q의 논리곱인 'p∧q'는 논리 연산자 ∧를 사용하여 생성된 합성 명제로써 'p and q'라고 읽는다. 이와 마찬가지로, p와 q의 논리합인 'p∨q'는 논리 연산자 ∨를 사용하여 생성된 합성 명제로써 'p or q'라고 읽는다.

【예제 3.1】 다음 주어진 명제 p, q, r, s에서 생성된 합성 명제를 기호로 나타내어라.

      p : 3>2
      q : 3×2=3
      r : It is hot.
      s : It is sunny.

(1) 3>2이고, 3×2=3이다.   =>   p and q
(2) 3×2=3이 아니거나, 3>2이다.   =>   ~q or p
(3) It is **not** hot **but** it is sunny.   =>   ~r and s
(4) It is **neither** hot **nor** sunny.   =>   ~r and ~s

진리값(Truth Values)

진리값이란 명제에서 참(true) 또는 거짓(false)으로 나타내는 값을 의미한다. 단순 명제의 진리값은 그 명제가 참이냐 거짓이냐에 따라 결정되지만, 합성 명제의 진리값은 그 명제를 구성하고 있는 단순 명제들과 논리 연산자에 따라 값이 결정됨으로 복잡한 경우가 많다. 진리표(truth table)를 사용하여 단계적으로 연산하면 쉽고 편리하게 구할 수 있다.

논리 연산자에 대한 진리표(truth table)

다음 표는 논리 연산자인 부정, 논리곱, 논리합, 배타적 논리합에 대한 진리표이다.

부정(negation) : ~ 혹은 ¬	논리곱(conjunction) : ∧
~p p의 진리값과 반대가 됨 | p	~p | |---|---| | T | F | | F | T |	p∧q p와 q의 진리값이 모두 참이면 참, 그 외는 거짓 | p	q	p∨q | |---|---|---| | T | T | T | | T | F | F | | F | T | F | | F | F | F |
논리합(disjunction) : ∨	배타적 합(exclusive or) : ⊕
p∨q p와 q의 진리값이 모두 거짓이면 거짓, 그 외는 참 | p	q	p∨q | |---|---|---| | T | T | T | | T | F | T | | F | T | T | | F | F | F |	p⊕q p와 q의 진리값이 서로 다르면 참, 같으면 거짓 | p	q	p∨q | |---|---|---| | T | T | F | | T | F | T | | F | T | T | | F | F | F |

【예제 3.2】 (p ∨ q) ∧ ~(p ∧ q)의 진리표를 구하시오

▶▶풀이

명제 p의 진리값은 참(T) 혹은 거짓(F)이고, q의 진리값 또한 참(T) 혹은 거짓(F) 두 가지이다. 두 명제가 합성되었을 때, p가 참이고 q가 참인 경우, p가 참이고 q가 거짓인 경우, p가 거짓이고 q가 참인 경우, p가 거짓이고 q가 거짓인 경우로 총 2×2= 4가지에 대해 진리표에서 연산된다. 각 합성 명제에 대한 연산결과, 진리표는 다음과 같다.

p	q	p ∨ q	p ∧ q	~(p ∧ q)	(p ∨ q) ∧ ~ (p ∧ q)
T	T	T	T	F	F
T	F	T	F	T	T
F	T	T	F	T	T
F	F	F	F	T	F

【예제 3.3】 (p ∧ q) ∨ ~r의 진리표를 구하시오
▶▶풀이

p	q	r	p ∧ q	~r	(p ∧ q) ∨ ~r
T	T	T	T	F	T
T	T	F	T	T	T
T	F	T	F	F	F
T	F	F	F	T	T
F	T	T	F	F	F
F	T	F	F	T	T
F	F	T	F	F	F
F	F	F	F	T	T

【예제 3.4】 컴퓨터 프로그래밍 언어인 C에서는 비트연산자 &, |, ∧를 제공한다. 연산자 &는 '논리곱' AND 연산을 수행하고, 연산자 |는 '논리합' OR 연산을 수행한다. 그리고, 연산자 ∧는 '배타적 논리합' XOR 연산을 수행한다. 다음 비트연산자에 대한 비트열(bit string) 연산을 수행하여라.
 (1) 1010 0110 & 0011 1010
 (2) 0101 1100 | 1111 1010
 (3) 0101 0110 ∧ 1010 1010

▶▶풀이
각 비트별로 연산을 수행한다.

```
  (1)    1010 0110      (2)    0101 1100      (3)    0101 0110
       & 0011 1010            | 1111 1010            ∧ 1010 1010
       ---------------        ---------------        ---------------
         0010 0010              1111 1110              1111 1100
```

3-3 조건 명제

명제 '장마철에는 비가 많이 온다.'는 '장마철이다'와 '비가 많이 온다.'가 결합된 합성

명제이다. '장마철이다'는 조건이 되고, '비가 많이 온다.'는 결론이 된다. 이와 같이 두 개의 명제가 조건 연산자 →로 연결되어 조건과 결론의 관계로 결합된 형태를 함축(implication) 또는 조건 명제(conditional proposition)라고 한다.

> **조건 명제** $p \rightarrow q$
> 두 명제 p, q에 대해, p에 의한 q의 조건 명제는 'p이면 q이다 (if p then q)'이며, $p \rightarrow q$로 표기한다.
>   조건 명제는 다음과 같은 다양한 표현으로 나타낸다.
>   · p를 가정(hypothesis 또는 가설, 전제)라 하며, q는 결론(conclusion 또는 결과)이라 한다.
>   · p는 q를 함축한다. (p implies q)
>   · p는 q의 충분조건이다. (p is sufficient for q)
>   · q는 p의 필요조건이다. (q is necessary for p)

조건 연산자에 대한 진리표

조건 명제 $p \rightarrow q$의 진리표는 표 3.2와 같다. p의 진리값이 참(T)이고 q의 진리값이 거짓(F)일 때만 조건 명제 $p \rightarrow q$의 진리값은 거짓(F)이 되고, 그 외는 참의 진리값을 갖는다.

[표 3.2] 조건 연산자에 대한 진리표

p	q	$p \rightarrow q$
T	T	T
T	F	F
F	T	T
F	F	T

【예제 3.5】 다음 조건 명제에 대해 진리표를 구하시오.
  (1) $p \vee \sim q \rightarrow \sim p$
  (2) $p \vee q \rightarrow r$

▶▶풀이

(1) p ∨ ~q → ~p의 진리표

p	q	~p	~q	p ∨ ~q	p ∨ ~q → ~p
T	T	F	F	T	F
T	F	F	T	T	F
F	T	T	F	F	T
F	F	T	T	T	T

                conclusion   hypothesis

2) p ∨ q → r의 진리표

p	q	r	p ∨ q	p ∨ q → r
T	T	T	T	T
T	T	F	T	F
T	F	T	T	T
T	F	F	T	F
F	T	T	T	T
F	T	F	T	F
F	F	T	F	T
F	F	F	F	T

다음 조건 명제를 살펴보자. 명제 p를 "A학점을 받는다.", 명제 q를 "장학생이다"라고 할 때 조건 명제 p → q는 다음과 같다.

    p → q : 만약 <u>A학점을 받는다</u>면, <u>장학생이다</u>
                     p   q

조건 명제가 참의 진리값을 갖는 경우는, 가정 p가 참이고 결론 q가 거짓인 경우를 제외한 나머지 모든 경우이다. 즉, "A학점을 받고 장학생이다", "A학점을 못 받고 장학생이다", "A학점을 못 받고 장학생이 아니다" 경우이다. 이 세 경우를 정리하면 **"A학점을 못 받거나 장학생이다"** 즉, **~p ∨ q**로 나타낼 수 있다. 이것으로부터 조건 명제 p → q는 ~p ∨ q와 동일(동치)하다는 것을 알 수 있다.

$$p \rightarrow q \equiv \sim p \vee q$$

이것을 조건 법칙이라 부르며, 3-5절에서 동치 관계에 대해 자세히 학습한다.

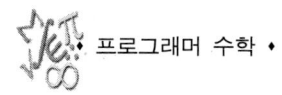

조건 명제의 부정

조건 명제 "p이면 q이다" 혹은 p → q (if p then q)의 부정을 또 다른 if-then 명제 형태로 나타내어서는 안 된다. if-then 명제의 부정은 단어 if로 시작되지 않는다는 것을 기억하여야 한다.

조건 명제 p → q는 ~p ∨ q와 동치라는 것을 위 예에서 살펴보았다. 그러므로 조건 명제 p → q의 부정 ~(p → q)는 다음과 같이 구해진다. ~(p → q) ≡ ~(~p ∨ q) ≡ p ∧ ~q

$$\sim(p \rightarrow q) \equiv p \land \sim q$$

조건 명제의 역, 이, 대우

주어진 조건 명제만으로 논리를 전개하거나 증명하기 어려울 때가 있다. 이 경우 역(converse), 이(inverse), 대우(contraposition)를 이용하여 쉽게 해결할 수 있다.

[정의] 조건 명제의 역, 이, 대우

조건 명제 p → q에 대해,
- **역(converse)** : q → p
- **이(inverse)** : ~p → ~q
- **대우(contraposition)** : ~q → ~p

【예제 3.6】 명제 p는 '오늘 날씨가 좋다', 명제 q는 '테니스를 친다'일 때, 조건 명제 p → q는 '오늘 날씨가 좋다면, 테니스를 친다'이다. 조건 명제의 역, 이, 대우를 답하시오.
▶▶풀이
역 : q → p '테니스를 친다면, 오늘 날씨가 좋다'
이 : ~p → ~q '오늘 날씨가 좋지 않다면, 테니스를 치지 않는다'
대우 : ~q → ~p '테니스를 치지 않는다면, 오늘 날씨가 좋지 않다'

다음 표 3.3은 조건 명제 p → q의 역, 이, 대우에 대한 진리표이다. 조건 명제는 조건 명제의 역과 진리 값이 같지 않고, 또한 조건 명제의 이와 진리값이 같지 않다는 것을 표에서 볼 수 있다. 반면, 조건 명제는 그의 대우와는 진리값이 서로 같다는 것을 알

수 있다. 마찬 가지로, 조건 명제의 역과 조건 명제의 이는 서로 진리 값이 같다.

[표 3.3] 조건 명제의 역, 이, 대우의 진리표

p	q	p→q	q→p	~p→~q	~q→~p
T	T	T	T	T	T
T	F	F	T	T	F
F	T	T	F	F	T
F	F	T	T	T	T

조건 명제는 그의 대우와 논리적 동치이다.

【예제 3.7】 다음 조건 명제의 대우를 구하고 참, 거짓을 판별하여라.
조건 명제 : 실수 a, b에 대해 ax = bx이면 a = b이다.

▶▶풀이
주어진 명제에서 명제 p를 'ax = bx'으로 두고, q를 'a = b'로 두자. 조건 명제는 p → q이다. 조건 명제의 대우 ~q→~p는 '실수 a, b에 대해, a ≠ b이면 ax ≠ bx이다.'가 되며, 이 명제는 x=0일 때 성립하지 않는다. 그러므로 주어진 조건 명제는 거짓인 명제이다.

쌍방조건 명제(biconditional 또는 if and only if) 명제

명제 p, q에 대해, p와 q의 쌍방조건 p ↔ q은 다음과 같다.
· p if, and only if, q
· p is necessary and sufficient for q
· p ↔ q ≡ (p → q)∧(q → p)
(단어 if and only if는 종종 iff로 쓰기도 한다.)

쌍방조건 명제 p ↔ q의 진리표

p → q도 참이고, q → p도 참일 때만 참이 되기 때문에, p와 q가 모두 참이거나 거짓일 때 참의 진리 값을 갖고 그 외는 거짓의 값을 갖는다. 진리표는 다음 표 3.4와 같다.

[표 3.4] 쌍방 조건에 대한 진리표

p	q	p→q	q→p	(p→q)∧(q→p)	p↔q
T	T	T	T	T	T
T	F	F	T	F	F
F	T	T	F	F	F
F	F	T	T	T	T

논리 연산자의 우선 순위

- 1순위 : ~ 혹은 ¬
- 2순위 : ∨, ∧
- 3순위 : →, ↔

3-4 항진 명제와 모순 명제

정의 : 항진명제와 모순명제

- **항진명제(Tautology)**
: 합성 명제의 진리값이 항상 참인 명제, 즉 합성명제를 구성하고 있는 단순명제들의 진리값에 상관없이 항상 참의 진리값을 가진 명제이다.
- **모순명제(Contradiction)**
: 합성 명제의 진리값이 항상 거짓인 명제, 합성명제를 구성하고 있는 단순명제들의 진리 값에 상관없이 항상 거짓의 진리값을 가진 명제이다.

【예제 3.8】 항진 명제와 모순 명제의 예

- 항진명제(Tautology) 예 : p∨~(p∧q)
- 모순명제(Contradiction) 예 : ~p∧(p∧q)

p	q	p	~(p∧q)	p∨~(p∧q)
T	T	T	F	T
T	F	T	T	T
F	T	F	T	T
F	F	F	T	T

p	q	~p	(p∧q)	~p∧(p∧q)
T	T	F	T	F
T	F	F	F	F
F	T	T	F	F
F	F	T	F	F

항진명제, 모순명제의 부정

항진 명제를 t, 모순 명제를 c라 두자.
- ~t ≡ c (즉, ~T ≡ F)
- ~c ≡ t (즉, ~F ≡ T)

즉, 항진명제를 부정하면 모순명제가 되고, 모순명제를 부정하면 항진명제가 됨을 알 수 있다.

3-5 논리적 동치 관계

논리적 동치

두 명제가 논리적 동치인 경우는 서로 같은 진리값을 가지므로 하나의 명제가 다른 명제를 대신하여 사용할 수 있다. 어떤 복잡한 명제를 논리적 동치 관계를 이용하여 그와 동치인 간단한 명제로 간소화하여 사용할 수 있다.

[정의]

- **논리적 동치** : 두 개의 명제 p, q가 동일한 진리표를 가진다면, 이 두 명제는 논리적 동치(logical equivalence)라고 한다. (여기서, 두 명제는 복합 명제일 수도, 단순 명제일 수도 있다.)

즉, **두 명제의 쌍방조건 p ↔ q가 항진명제이면** 두 명제를 논리적 동치 관계라 하고 p ≡ q로 표현한다.

논리적 동치의 예로 어떤 명제와 그 명제의 이중부정(double negation)을 살펴보자. 명제를 p라고 두면, p의 이중부정은 ~(~p)이다. 두 명제 p와 ~(~p)가 논리적 동치인지를 알기 위해 진리표를 구하면 다음과 같다.

p	~p	~(~p)
T	F	T
F	T	F

진리표에서 p와 ~(~p)의 논리값이 같음을 알 수 있다. 그러므로 두 명제는 논리적 동치이다.

- **이중부정(Double Negation) : p ≡ ~(~p)**

드모르간 법칙(De Morgan's Laws)이 성립한다는 것을 논리적 동치 관계를 이용하여 증명해보자.

- **드모르간 법칙(De Morgan's Laws)**
  ~(p∧q) ≡ ~p∨~q
  ~(p∨q) ≡ ~p∧~q

다음 진리표에서 ~(p∧q) 와 ~p∨~q의 진리값이 같다는 것을 알 수 있다. 그러므로 두 명제가 동치이며 ~(p∧q) ≡ ~p∨~q로 표시한다.

p	q	p ∧ q	~(p ∧ q)	~p	~q	~p ∨ ~q
T	T	T	F	F	F	F
T	F	F	T	F	T	T
F	T	F	T	T	F	T
F	F	F	T	T	T	T

이와 마찬가지로, ~(p∨q)와 ~p∧~q의 진리표를 구하면, 두 명제의 진리값이 같으며 ~(p∨q) ≡ ~p∧~q가 된다. 그러므로 드모르간 법칙이 성립한다는 것을 증명할 수 있다.

3-3절에서, 조건 명제와 조건 명제의 대우는 진리값이 서로 같다는 것을 진리표로 확인했다. 진리값이 서로 같으므로 이들은 동치 관계이다.

- **조건 명제와 그 명제의 대우는 동치 관계이다.**
  즉, p → q ≡ ~q → ~p

【예제 3.9】 다음 명제들의 논리적 동치 관계가 올바른지 답하시오.
(1) ~(p∧q) ≡ ~p∧~q   (2) ~(p∨q) ≡ ~p∨~q
(3) (p∨q)→r ≡ (p→r)∧(q→r)   (4) p→q ≡ ~p∨q

▶▶풀이
(1), (2)에 대한 다음 진리표에서 ~(p∧q)와 ~p∧~q는 진리값이 같지 않고, ~(p∨q)와

~p∨~q의 진리값 역시 같지 않다. 그러므로 ~(p∧q) ≢ ~p∧~q이며, ~(p∨q) ≢ ~p∨~q 이다.

p	q	~p	~q	(p∧q)	~p∧~q	p∨q	(p∨q)	~p∨~q
T	T	F	F	F	F	T	F	F
T	F	F	T	T	F	T	F	T
F	T	T	F	F	F	T	F	T
F	F	T	T	T	T	F	T	T

(3)에 대한 다음 진리표에서 (p∨q)→r와 (p→r)∧(q→r)의 진리값이 같으므로 논리적 동치이다.

p	q	r	p∨q	p→r	q→r	p∨q→r	(p→r)∧(q→r)
T	T	T	T	T	T	T	T
T	T	F	T	F	F	F	F
T	F	T	T	T	T	T	T
T	F	F	T	F	T	F	F
F	T	T	T	T	T	T	T
F	T	F	T	T	F	F	F
F	F	T	F	T	T	T	T
F	F	F	F	T	T	T	T

(4)에 대한 다음 진리표에서 p→q와 ~p∨q의 진리값이 같으므로 논리적 동치이다. 즉 p→q ≡ ~p∨q

p	q	p→q	~p	~p∨q
T	T	**T**	F	**T**
T	F	**F**	F	**F**
F	T	**T**	T	**T**
F	F	**T**	T	**T**

위【예제 3.9】의 (4)번에서 두 명제 'p→q'와 '~p∨q'는 논리적 동치 관계 즉, p→q ≡ ~p∨q임을 보였다. 이것을 **조건 법칙(함축 법칙)**이라 한다. p가 참이고 q가 거짓일 때 거짓의 진리값을 갖고, 그 이외의 경우에는 참의 진리값을 갖는다.

> 조건 법칙(함축 법칙) : p → q ≡ ~p ∨ q

【예제 3.10】 두 명제 ~(p →q)와 p ∧~q가 논리적 동치인지 답하시오.
▶▶풀이   ~(p →q) ≡ ~(~p ∨q)   ……   조건 법칙
                ≡ ~(~p) ∧~q   ……   드모르간 법칙
                ≡ p ∧~q   ……   이중부정법칙
        ~(p →q) ≡ p ∧~q이므로 논리적 동치 관계이다.

3-3절에서 조건 명제 p→q의 부정은 ~(p→q)이며, ~(p →q) ≡ p ∧~q이라고 학습하였음을 상기하라.

논리적 동치 관계의 기본 법칙

명제들의 동치 관계에 대한 여러 가지 법칙들을 이용하면 복잡한 합성 명제를 간소화하여 나타낼 수 있다. 명제들의 논리적 동치 관계에 대한 기본 법칙들은 다음 표 3.5에 정리되어 있다.

[표 3.5] 논리적 동치 관계의 기본 법칙

교환법칙(Commutative laws)	결합법칙(Associative laws)
· $p \wedge q \equiv q \wedge p$ · $p \vee q \equiv q \vee p$	· $(p \wedge q) \wedge r \equiv p \wedge (q \wedge r)$ · $(p \vee q) \vee r \equiv p \vee (q \vee r)$
분배법칙(Distributive laws)	드모르간 법칙(De Morgan's laws)
· $p \wedge (q \vee r) \equiv (p \wedge q) \vee (p \wedge r)$ · $p \vee (q \wedge r) \equiv (p \vee q) \wedge (p \vee r)$	· $\sim(p \wedge q) \equiv \sim p \vee \sim q$ · $\sim(p \vee q) \equiv \sim p \wedge \sim q$
부정법칙(Negation laws)	이중부정법칙(Double Negation laws)
· $\sim T \equiv F$ · $p \vee \sim p \equiv T$ · $\sim F \equiv T$ · $p \wedge \sim p \equiv F$	· $\sim(\sim p) \equiv p$
멱등법칙(Idempotent laws)	항등법칙(Identity laws)
· $p \wedge p \equiv p$ · $p \vee p \equiv p$	· $p \vee F \equiv p$ · $p \wedge T \equiv p$ · $p \vee T \equiv T$ · $p \wedge F \equiv F$
흡수법칙(Absorption laws)	조건법칙(함축법칙)
· $p \vee (p \wedge q) \equiv p$ · $p \wedge (p \vee q) \equiv p$	· $p \rightarrow q \equiv \sim p \vee q$
대우법칙(Contraposition laws)	
· $p \rightarrow q \equiv \sim q \rightarrow \sim p$	

여기서, T는 True, F는 False를 의미함

논리적 동치 관계의 증명

두 명제가 논리적 동치 관계임을 증명하는 방법은 다음과 같이 두 가지 방법이 있다.

> **두 명제의 논리적 동치를 증명하는 방법**
> 방법 1) 두 명제의 **진리표**를 각각 구하여 서로 같음을 보임
> 방법 2) 논리적 동치관계의 **기본법칙**을 이용하여 한 명제에서 다른 명제로 유도함

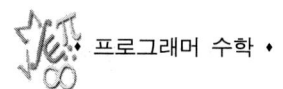

【예제 3.11】 논리적 동치의 가장 기본적인 예는 드모르간의 법칙이 있다. 그 중에서 ~(p∨q)와 ~p∧~q가 논리적으로 동치임을 입증하시오.

▶▶풀이 : 진리표 사용

p	q	p∧q	~(p∧q)	~p	~q	~p ∨ ~q
T	T	T	F	F	F	F
T	F	T	F	F	T	F
F	T	T	F	T	F	F
F	F	F	T	T	T	T

진리표에서 ~(p∨q)의 진리값과 ~p∧~q의 진리값이 서로 같으므로 동치이다.

【예제 3.12】 명제 (p∧q)→r 과 (p→r)∨(q→r)가 논리적인 동치임을 보이시오.

▶▶풀이 : 논리적 동치의 기본 법칙 사용하여 입증한다.
   (p∧q) → r
     ⇔ ~(p ∧ q) ∨ r   조건(함축)법칙
     ⇔ (~p∨~q) ∨ r   드모르간의 법칙
     ⇔ (~p∨~q) ∨ r ∨ r   멱등법칙
     ⇔ ~p∨ (~q∨r) ∨ r   결합 법칙
     ⇔ ~p ∨ r ∨ (~q ∨ r)   교환 법칙
     ⇔ (p→r) ∨ (~q∨ r)   조건 법칙
     ⇔ (p→r) ∨ (q→r)   조건 법칙

【예제 3.13】 논리적 동치법칙을 이용하여 다음 명제를 간단히 하여라.
(1) ~(q ∧ ~p)
(2) (p → q) ∨ (p → ~q)

▶▶풀이 : 논리적 동치의 기본법칙 사용
   (1) ~(q∧~p) ≡ ~q∨~~p   드모르간의 법칙
             ≡ ~q ∨ p   이중부정
             ≡ q → p   조건법칙
   (2) (p→q)∧(p→~q) ≡ (~p∨q)∧(~p∨~q)   함축법칙
                  ≡ ~p∨(q∧~q)   분배법칙

≡	~p∨F	부정법칙
≡	~p	항등법칙

【예제 3.14】 명제 ((p→q)∨(p→r))→(q∨r)을 논리적 동치법칙을 이용하여 간소화하시오.

▶▶풀이 : 논리적 동치의 기본법칙 사용

((p→q)∨(p→r)) → (q∨r)
- ⇔ ((~p∨q)∨(~p∨r))→(q∨r)   조건(함축)법칙
- ⇔ ((q∨~p)∨(~p∨r))→(q∨r)   교환법칙
- ⇔ (q∨(~p∨~p)∨r)→(q∨r)   결합법칙
- ⇔ (q∨~p∨r)→(q∨r)   멱등법칙
- ⇔ ~(q∨~p∨r)∨(q∨r)   조건법칙
- ⇔ ~(~p∨q∨r)∨(q∨r)   교환법칙
- ⇔ ~(~p∨(q∨r))∨(q∨r)   결합법칙
- ⇔ (~~p∧~(q∨r))∨(q∨r)   드모르간 법칙
- ⇔ (p∧~(q∨r))∨(q∨r)   이중부정법칙
- ⇔ (p∨(q∨r))∧(~(q∨r)∨(q∨r))   분배법칙
- ⇔ (p∨(q∨r))∧T   부정법칙
- ⇔ p∨(q∨r)   항등법칙

3-6 추론

추론이란

주어진 명제가 참인 것을 근거로 새로운 명제가 참이 되는 것을 유도하는 방법을 추론(argument)이라 한다. 여기서 주어진 명제들 $p_1, p_2, p_3, \ldots p_n$을 전제(premise) 또는 가정(assumption)이라고 하고, 새롭게 유도된 명제 q를 결론(conclusion)이라고 한다. 이것을 수학적 식으로 $p_1, p_2, p_3, \ldots p_n \vdash q$ 라고 표시한다.

정의 : 유효추론과 허위추론

- 유효 추론(Valid argument) : 주어진 전제가 참이고, 결론도 참인 추론

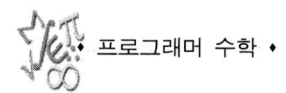

- 허위 추론(Invalid 또는 fallacious argument) : 주어진 전제가 참이지만, 결론은 거짓인 추론

추론에서 전제로 주어진 명제들은 항상 참으로 간주하며, 추론이 유효 또는 허위인지를 판단하기 위해 진리표를 이용한다.

【예제 3.15】 다음 전제와 결론에 대해 유효추론인지를 판별하라.

> If Socrates is a man, then Socrates is mortal. (전제1)
> Socrates is a man.   (전제2)
> ∴ Socrates is mortal.   (결론)

▶▶**풀이** : 진리표를 구하여 전제들이 참일 때 결론도 참인지 확인한다.
　명제 p는 'Socrates is a man.'로 두고, q는 'Socrates is mortal.'이라고 두자.
　전제1은 p→q, 전제2는 p, 결론은 q이다. 전제1& 2가 참일 때 결론 q도 참인지 진리표를 확인해보자. (전제가 참이 아닐 때는 결론이 참이던 거짓이던 상관이 없음을 유의할 것.)

p	q	p→q	p	q
T	T	T	T	**T**
T	F	F	T	F
F	T	T	F	T
F	F	T	F	F
		전제1	전제2	결론

　진리표의 왼쪽부분에 화살표로 표시된 행은 두 전제가 참일 때를 나타낸 것이다. 두 전제가 참일 때 **결론도 참**이기 때문에 이 추론은 유효추론이다.

【예제 3.16】 다음 전제와 결론에 대해 유효추론인지 판별하라.

　　　p → (q∨~r)　　(전제1)
　　　q → (p∧r)　　　(전제2)
　　　∴ p → r　　　　(결론)

▶▶**풀이** : 진리표를 구하여 전제들이 참일 때 결론도 참인지 확인한다.
진리표의 왼쪽 부분에 화살표로 표시된 행은 두 전제가 참일 때를 나타낸 것이다. 유효추론이 되려면 이 행들에 해당하는 결론의 진리값들도 모두 참이 되어야 한다.

그러나 p가 참이고, q와 r이 거짓인 경우, 즉 두 번째 화살표가 가리키는 행을 살펴보자.

						전제1	전제2	결론
p	q	r	~r	q∨~r	p∧r	p→q∨~r	q→p∧r	p→r
T	T	T	F	T	T	T	T	T
T	T	F	T	T	F	T	F	F
T	F	T	F	F	T	F	T	T
T	F	F	T	T	F	T	T	F
F	T	T	F	T	F	T	F	T
F	T	F	T	T	F	T	F	T
F	F	T	F	F	F	T	T	T
F	F	F	T	T	F	T	T	T

전제 1과 전제 2는 모두 참의 값을 가지는데, 결론인 p → r는 거짓의 값을 갖는다. 두 전제가 참일 때 결론도 항상 참이어야 하는데, 결론이 거짓이므로 허위추론이다.

【예제 3.17】 다음 전제와 결론에 대해 유효추론인지 판별하라.
  p∨(q∨r)   (전제1)
  ~r   (전제2)
  ∴ p∨r   (결론)

▶▶풀이 : 진리표를 구하여 전제들이 참일 때 결론도 참인지 확인한다.

					전제1	전제2	결론
p	q	r	~r	q∨r	p∨(q∨r)	~r	p∨q
T	T	T	F	T	T	F	T
T	T	F	T	T	T	T	T
T	F	T	F	T	T	F	T
T	F	F	T	F	T	T	T
F	T	T	F	T	T	F	T
F	T	F	T	T	T	T	T
F	F	T	F	T	T	F	F
F	F	F	T	F	F	T	F

두 전제가 참일 때 결론도 항상 참이기 때문에 유효추론이다.

유효 추론의 3가지 기본 법칙(논법)

긍정논법, 부정논법, 삼단논법은 유효 추론 중 가장 많이 쓰이는 3가지 법칙이다. 두 개의 전제와 결론으로 이루어져 있으며 다음과 같은 형태이다.

긍정논법(Modus ponens)

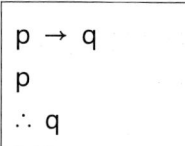

p	q	p→q	q
T	T	T	**T**
T	F	F	**F**
F	T	T	**T**
F	F	T	**F**

premises / conclusion

부정논법(Modus tollens)

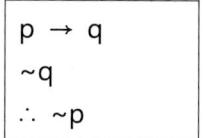

p→q	~q	~p
T	F	**F**
F	T	**F**
T	F	**T**
T	T	**T**

premises / conclusion

삼단논법(Syllogism)

$p \rightarrow q$
$q \rightarrow r$
$\therefore p \rightarrow r$

p	q	r	p→q	q→r	p→r
T	T	T	T	T	**T**
T	T	F	T	F	**F**
T	F	T	F	T	**T**
T	F	F	F	T	**F**
F	T	T	T	T	**T**
F	T	F	T	F	**T**
F	F	T	T	T	**T**
F	F	F	T	T	**T**

premises / conclusion

3-7 술어 논리

논리의 종류

논리는 명제논리와 술어논리로 구분할 수 있다. 두 가지의 정의를 살펴보며 차이점을 알아보자.

- **명제논리(Propositional Logic)** : 주어와 술어를 구분하지 않고 전체 문장을 하나의 식으로 처리하여 참, 거짓을 판별하고 그에 대한 법칙을 다룸.
- **술어논리(Predicate Logic)** : 주어와 술어를 구분하여 참, 거짓에 대한 법칙을 다룸.

다음 두 문장은 명제인가?
  문장1 : He is a college student.
  문장2 : x+y>0

답은 명제가 아니다. 왜 명제가 아닌가? 문장1에서, He가 무엇이냐에 따라 참일 수도 있고 거짓일 수도 있다. 문장2에서도, 변수 x, y의 값에 따라 참일 수도 있고 거짓일 수도 있다. 그렇다면, 변수들 He, x, y에 입력되는 값이 정해진다면 진리값을 판별할 수 있으며 명제가 된다는 말이 된다.

다시 말하면, 이러한 변수를 포함하고 있는 문장이나 수식이 명제가 되기 위해서는 변수의 범위를 정해주면 된다. 이것을 **수량자**(quantifier; 또는 한정자)라고 한다. 이러한 수량자에 의해 범위가 정해지는 변수를 포함하고 있는 명제를 **명제 함수**(propositional function)라고 한다.

- **명제 함수(Propositional Function)의 예**

He is a college student.	
주어 : He 술어 : is a college student	x P(x) : x is a college student

  P(x) 자체는 명제가 아니지만, 변수 x에 적절한 값으로 치환하면 결과적으로 명제가 된다. 이러한 명제 함수에 대한 논리를 술어 논리라고 한다.

- **정의역(domain)** : 명제 함수에서 변수 x에 치환될 수 있는 모든 값들의 집합을 정의역이라 한다.

【예제 3.18】 $x \in R$, $P(x) : x^2 > x$에서 $P(2)$, $P(½)$, $P(-½)$의 명제의 진리 값은?

▶▶풀이
실수 x에 대해, 명제 P(x)에 x값을 대입하여 참 또는 거짓을 확인하는 문제이다.
 $P(2) : 4 > 2$ ..... (참), $P(½) : ¼ > ½$ ..... (거짓), $P(-½) : ¼ > -½$ (참)

변수가 가지는 값들의 집합은 단어 또는 기호로 표현될 수 있다. 자주 사용하는 기호들을 표 3.6에 요약한다.

[표 3.6] 집합의 기호

기호	집합	superscript	의미
R	실수	+	양수
Z	정수	-	음수
Q	유리수	*nonneg*	음수가 아닌 수

예를 들면, 양의 실수를 표현할 때는 실수를 나타내는 R에다 양수를 의미하는 +를 위첨자에 적은 R^+가 되고, 자연수는 Z^{nonneg}로 나타낸다.

P(x)의 진리 집합의 정의

> D : x의 정의역, P(x) : 술어
> P(x)의 **진리 집합**(truth set)이란 P(x)를 만족하는(참으로 만들어주는) D의 모든 원소들의 집합을 말한다. 즉, truth set of P(x) = { $x \in D$ | P(x) }

【예제 3.19】 술어 P(n): "n is a factor(약수) of 8"이라고 하자. 정의역이 다음과 같을 때, P(n)의 진리집합을 구하라.
(1) n의 정의역이 Z^+인 경우   (2) n의 정의역이 Z인 경우

▶▶풀이
(1) 8의 약수인 양의 정수가 P(n)의 진리집합이 되므로 {1, 2, 4, 8}이다.
(2) 정의역이 양과 음의 정수이므로, P(n)의 진리집합은 {-1, -2, -4, -8, 1, 2, 4, 8}

3-8 수량자와 수량자의 부정

전체 수량자와 존재 수량자

변수 x가 가질 수 있는 값들을 제한할 때 사용하는 것이 수량자이다. 수량자는 크게 전체 수량자와 존재 수량자, 두 가지로 나눌 수 있다.

- **전체 수량자**(Universal Quantifier) : $\forall$

> $\forall x\ P(x)$: '모든 x에 대하여, P(x)는 만족한다(참이다).'
> · 모든 x에 대하여, P(x)가 참이면 명제 함수P(x)는 참이 된다. 그러나 원소 중 어느 하나라도 그 명제를 거짓으로 만든다면 명제 함수P(x)는 거짓이 된다.

- **존재 수량자**(Existential Quantifier) : $\exists$

> $\exists x\ P(x)$: "어떤 x에 대하여, P(x)가 만족하는(참인) x가 존재한다."
>   ($\exists x$ such that P(x)로 표기하기도 함)
> · 원소 중 어느 하나라도 명제를 참으로 만족하면 명제 함수 P(x)는 참이 된다. 그러나 모든 원소가 그 명제를 거짓으로 만든다면 명제 함수P(x)는 거짓이 된다.

논리적 표기에 대한 명제를 서술하는 예를 들어보자. $\sim(\forall x\ P(x))$는 '모든 x에 대해 P(x)가 만족하는 것은 아니다.'로 서술할 수 있고, $\exists x\ (\sim P(x))$는 'P(x)를 만족하지 않는 x가 존재한다.'로 서술할 수 있다. 서술 방법은 단 한 가지만 있는 것이 아니며 표기에 맞게 【예제 3.20】에서와 같이 다양하게 서술할 수 있다.

【예제 3.20】다음 논리적 표기에 대한 명제를 다양한 방법으로 서술해 보아라.
 (1) $\forall x \in R,\ x^2 \geq 0$ (2) $\exists x \in Z,\ x^2 = x$

▶▶풀이
 (1) 모든 실수는 음이 아닌 제곱수를 갖는다.
   각 실수는 음이 아닌 제곱수를 갖는다.
   각 실수 x에 대해, x는 음이 아닌 제곱수를 갖는다.

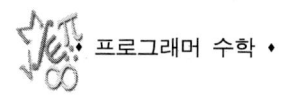

어떤 실수의 제곱도 음이 아닌 수이다.
(2) 제곱한 값이 자기 자신인 정수가 있다.
 제곱한 값이 자기 자신인 정수를 적어도 하나 존재한다.
 어떤 정수 x에 대해, $x^2 = x$이다.
 어떤 정수는 자신의 제곱 값과 같다.

【문제】 다음 논리적 표기에 대한 명제를 서술하여라.

> Domain H : set of all humans
> 'x는 인간', P(x) : 'x는 생각한다.', Q(x) : 'x는 동물이다.'

(1) $\forall x \in H$, Q(x)
(2) $\exists x \in H$, P(x)
(3) $\forall x \in H$, (P(x) ∧ Q(x))
(4) $\exists x \in H$, ~P(x)

▶풀이
(1) 모든 인간은 동물이다.
(2) 생각하는 인간이 존재한다.
(3) 모든 인간은 생각하는 동물이다.
(4) 생각하지 않는 인간도 있다.

【예제 3.21】 다음 문장이 참 혹은 거짓임을 보여라.

(1) D = { 1, 2, 3, 4, 5 }, 　$\forall x \in D$, $x^2 \geq x$	(2) $\exists x \in Z$ such that $x^2 \geq x$. 　(Z : set of all integers)
▶풀이 $1^2 \geq 1$, $2^2 \geq 2$, $3^2 \geq 3$, $4^2 \geq 4$, $5^2 \geq 5$　∴ 참이다	▶풀이 $1^2 \geq 1$ → $x^2 \geq x$를 만족하는 x가 적어도 하나 존재함　∴ 참이다

(3) D = { 5, 6, 7, 8, 9, 10 } ∃x ∈ D such that $x^2 = x$. ▶▶풀이 $5^2 \neq 5, 6^2 \neq 6, 7^2 \neq 7,$ $8^2 \neq 8, 9^2 \neq 9, 10^2 \neq 10$ ∴ 거짓이다	(4) ∀x ∈ R, $x^2 \geq x$ (R : set of all real numbers) ▶▶풀이 반례 : x= ½, $(½)^2 \geq ½$ (F) ∴ 거짓이다

전체 수량자 조건 명제

전체 수량자 조건 명제(Universal Conditional Statements)는 수학에서 가장 중요한 명제 형태라고 할 수 있으며 다음과 같은 형태이다.

> ∀x, If P(x) then Q(x)
> '모든 x에 대해서, p(x)이면 Q(x)이다.'

표기 : ⇒, ⇔

P(x)와 Q(x)는 술어이고, D는 x의 정의역이라 두자.
- **P(x) ⇒ Q(x)** : P(x)를 참으로 하는 모든 원소들은 Q(x)를 참으로 하는 집합에 포함된다는 의미이다.
  즉, ∀x, P(x) → Q(x)와 같다.
- **P(x) ⇔ Q(x)** : P(x)와 Q(x)가 같은 진리집합을 갖는다는 의미이다.
  즉, ∀x, P(x) ↔ Q(x)와 같다.

【예제 3.22】 x ∈ Z^+일 때 P(x), Q(x), R(x)는 다음과 같다. 각각의 진리집합을 보이고, 세 명제들 사이의 진리 관계를 ⇒, ⇔를 사용하여 보여라.
  P(x) : x is a factor of 8
  Q(x) : x is a factor of 4
  R(x) : x < 5 and x ≠3

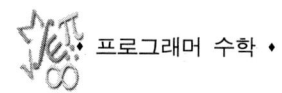

▶▶풀이
P(x)의 진리집합은 {1,2,4,8}, Q(x)의 진리집합은 {1,2,4}, R(x)의 진리집합은 {1,2,4}이다.
Q(x)⇒P(x), R(x)⇒P(x)이며, Q(x)와 R(x)의 진리집합이 같으므로 Q(x) ⇔ R(x)이다.

전체 수량자의 부정

~(∀x∈ D, P(x)) ≡ ∃x∈ D, ~P(x) 즉, 'P(x)가 성립하지 않는 x가 존재한다.'

존재 수량자의 부정

~(∃x∈ D, P(x)) ≡ ∀x∈ D, ~P(x) 즉, '모든 x에 대해, P(x)가 성립하지 않는다.'

정의역 D는 인간 전체의 집합이고, x는 인간, P(x)는 'x는 허파로 호흡한다.'라고 하자. 그러면 '∀x∈ D, P(x)'는 '모든 인간은 허파로 호흡한다.'가 된다. 이 전체 수량자 명제의 부정은 무엇일까? '모든 인간은 허파로 호흡하지 않는다.'를 답으로 고려할 수 있을 것이다. 과연 올바른 답인가? 만일 '∀x∈ D, P(x)'의 논리값이 참이라면, 그 부정은 참이 아니다. '모든 인간은 허파로 호흡한다.'가 참이 아니려면 허파로 호흡하지 않는 인간이 한 명이라도 존재하면 된다. 즉, '허파로 호흡하지 않는 인간이 존재한다'인 ∃x∈ D, ~P(x)가 올바른 답이다.
존재 수량자 명제의 부정도 이와 마찬가지로 생각할 수 있다. '∃x∈ D, P(x)' 즉 '어떤 인간은 허파로 호흡한다.'의 부정은 무엇일까? '어떤 인간은 허파로 호흡하지 않는다.'가 올바른 답이 아니다! '어떤 인간은 허파로 호흡한다.'가 참이 아니려면 '허파로 호흡하는 인간은 하나도 없다.'가 된다. 즉, '모든 인간은 허파로 호흡하지 않는다'인 ∀x∈ D, ~P(x)가 부정인 것이다.

【예제 3.23】 정의역 H는 인간 전체 집합이고, x는 인간, P(x)는 'x는 생각한다.'이라고 할 때, 다음 논리적 표기에 대해 술어 명제를 서술하여라.
(1) ~(∀x ∈ H, P(x))   (2) ~(∃x ∈ H, P(x))

▶▶풀이
(1) ~(∀x∈ D, P(x)) ≡ ∃x∈ D, ~P(x)이므로 '생각하지 않는 인간도 존재한다'

(2) ~(∃x∈ D, P(x)) ≡ ∀x∈ D, ~P(x) 이므로, '모든 인간은 생각하지 않는다.'

전체 수량자 조건 명제의 부정

> ~(∀x, P(x) → Q(x)) ≡ ∃x, P(x) ∧~Q(x) 즉, 'p이면서 q가 아닌 것이 존재한다.

전체 수량자 조건 명제인 ∀x, P(x)→Q(x)의 부정은 다음과 같이 동치 관계를 이용하여 유도된다.

~(∀x, P(x) → Q(x)) ≡ ∃x, ~(P(x) → Q(x)) ·········· 전체 수량자의 부정
                          ≡ ∃x, ~(~P(x) ∨ Q(x)) ·········· 조건 법칙
                          ≡ ∃x, ~(~P(x)) ∧ ~Q(x) ·········· 드모르간 법칙
                          ≡ ∃x, P(x) ∧ ~Q(x)) ·········· 이중부정법칙

∀, ∃, ∧, ∨ 의 관계

> P(x): 술어,   D= { x1, x2, ... xn }: x의 정의역
> ∀x∈D,   P(x) ≡   P(x1) ∧ P(x2) ∧ ... ∧ P(xn)
>   **즉, 모든 값들 x1, x2, ... xn에 대해 다 만족해야 참이다.**

> Q(x): 술어,   D= { x1, x2, ... xn }: x의 정의역
> ∃x∈D,   P(x)   ≡   P(x1) ∨ P(x2) ∨ ... ∨ P(xn)
>   **즉, x1, x2, ... xn 중 하나 이상 만족하면 참이다.**

전체 수량자 조건 명제의 역, 이, 대우

전체 수량자 조건 명제 ∀x ∈ D,   P(x) → Q(x)라고 하자.
- 전체 수량자 조건 명제의 **대우**(contrapositive) : ∀x ∈ D,   ~Q(x) → ~P(x)
- 전체 수량자 조건 명제의 **역**(converse) :   ∀x ∈ D,   Q(x) → P(x)
- 전체 수량자 조건 명제의 **이**(inverse) :   ∀x ∈ D,   ~P(x) → ~Q(x)

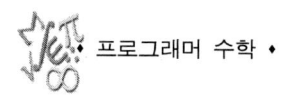

> 전체 수량자 조건 명제와 그의 대우는 동치이다.
> 그러나, 그의 역과는 동치가 아니며, 이와도 동치가 아니다.

3-3절에서 조건 명제와 그의 대우는 동치라는 것을 배웠으며, 전체 수량자 조건 명제 경우에도 일반화할 수 있다.

3-9 여러 개의 수량자를 포함하는 술어 논리

'그녀는 덕성여자대학교 대학생이다.'라는 문장을 고려해보자. 그녀는 변수 x, 덕성여자대학교는 변수 y라고 두고, P(x, y)는 'x 는 y 대학교 학생이다.'로 표현한다. 변수 두 개를 가진 술어 논리이다.

수량자의 순서

정의역 H = {모든 사람들}이고, x, y∈H일 때 P(x, y)는 'x loves y.'이라고 두자.
두 명제 ∀x ∃y, P(x, y)와 ∃y ∀x , P(x, y)는 수량자 순서만 다르고 그 외 모두 같다. 그러나, 의미는 서로 다르다. 첫 번째 명제는 어떤 사람이든 그 사람이 사랑하는 어떤 특정한 사람이 있다는 의미이고, 두 번째 명제는 모든 사람이 사랑하는 (놀라운 특별한) 사람이 있다는 의미이다. 이 예에서 보듯이 두 개의 수량자의 순서를 바꾸면 진리 값은 같지 않을 수 있다. 즉, 논리적으로 동치가 아니다. 수량자의 순서는 아주 중요하다.

> ∀x ∀y, P(x, y) ≡   ∀y ∀x, P(x, y)
> ∃x ∃y, P(x, y) ≡   ∃y ∃x, P(x, y)
> ∀x ∃y, P(x,y)   ≢   ∃y ∀x, P(x,y)
> · ∀x ∃y, P(x,y) : 각 x값에 따라 y값이 하나 이상 존재하면 참
> · ∃y ∀x, P(x,y) : 어떤 y 값에 대해 x가 모두 만족하면 참

【예제 3.24】 x∈R, y∈R, Q(x, y): 'x + y = 0'일 때, 다음 명제의 진리값은?

(1) ∃y ∀x Q(x,y)
(2) ∀x ∃y Q(x,y)

▶▶풀이
(1) False. ∃y∀x Q(x,y): '어떤 실수 y가 존재하여, 그 y값에 대해 모든 x가 Q(x,y)를 만족한다.' 그러나, y 값이 어떤 값이든 x+y=0을 만족하는 x 값은 하나만 존재
(2) True. ∀x∃y Q(x,y): '모든 x에 대하여 Q(x,y)를 참으로 하는 y가 존재한다'. 실수 x가 어떤 값을 갖든 x+y=0을 만족하는 y는 반드시 존재 (즉, y = - x),

【예제 3.25】 x, y ∈ R이고 P(x, y)는 'x × y = 0'이라 하자. 다음 각 문항의 참 또는 거짓을 판별하시오.
(1) ∀x ∀y, P(x, y)   (2) ∀x ∃y, P(x, y)
(3) ∃x ∀y, P(x, y)   (4) ∃x ∃y, P(x, y)

▶▶풀이
(1) False. x=2, y=1인 경우, x×y = 2×1 = 2 ≠ 0
(2) True. 모든 x값에 대해서 x×y = 0이 되도록 하는 y값 (=0)이 존재한다.
(3) True. x값이 0이라면, 어떠한 y값이더라도 x×y = 0×y = 0이다. 즉, 모든 y에 대해 x×y = 0을 만족하는 x값이 (x=0) 존재한다.
(4) True.

> ∃y∀x Q(x, y)가 참이라면 ∀x∃y Q(x, y)도 반드시 참이다.
> 그러나, 역은? **항상 성립하는 것은 아님. 즉, 성립 안함**

【예제 3.26】 x∈R, y∈R, P(x, y): 'x+y = y+x'일 때, 전체수량 ∀x ∀y P(x,y)의 진리값은 무엇인가?

▶▶풀이
True. ∀x ∀y P(x, y) : '모든 x와 모든 y에 대하여 x+y =y+x는 참이다.' 실수에서는 교환 법칙이 성립하므로 ∀x ∀y P(x, y)의 진리값이 참이 된다.

【예제 3.27】 x∈R, y∈R, P(x, y): ' x< y + 1'일 때 다음 명제의 진리값은 무엇인가?
(1) ∀x ∀y P(x, y)
(2) ∃x ∀y P(x, y)
(3) ∃x ∃y P(x, y)

▶▶풀이
(1) False : x=3, y=1인 경우 x<y+1가 성립하지 않음
(2) False : 모든 실수 y에 대해 x<y+1을 만족하는 x는 존재하지 않음
(3) True : x=0, y=0인 경우 x<y+1이 성립한다.

다중 수량자의 부정

3-8절에서 학습한 수량자가 한 개인 경우의 전체 수량자 명제의 부정과 존재 수량자 명제의 부정을 다중 수량자의 경우에 적용할 수 있다. 다중 수량자의 부정 ~(∀x ∃y P(x, y))는 부정 연산을 왼쪽부터 차례로 적용하면 ~(∀x ∃y P(x, y)) ≡ ∃x ~(∃y P(x, y)) ≡ ∃x ∀y ~P(x, y)가 된다. 마찬가지로 ~(∃x ∀y P(x, y)) ≡ ∀x ~(∀y P(x, y)) ≡ ∀x ∃y P(x, y)가 된다.

```
~( ∀x ∃y  P(x, y) )  ≡  ∃x ∀y  ~P( x, y )
~( ∃x ∀y  P(x, y) )  ≡  ∀x ∃y  ~P( x, y )
```

〖 3장 연습문제 〗

1. 명제 P를 '날씨가 춥다', 명제 Q를 '눈이 온다'라고 할 때 다음 각각의 합성 명제들을 문장으로 표현하시오.
   (1) ~P   (2) P∧Q   (3) P∨Q
   (4) Q∨~P   (5) ~P∧~Q   (6) ~~Q

2. 명제 p∧(p→q)∨q 의 진리값을 진리표로 보이시오.

3. 다음 물음에 답하시오.
   (1) 명제 (p∧(p→q))→(r∨q)가 항진명제인지를 <u>진리표를 그려서 답하시오</u>.
   (2) 명제 ((p→q)∧p) → q가 항진명제인지를 <u>논리적 동치법칙을 이용하여 답하시오</u>.

4. 명제 (p∧q) ∧ ~(p∨q)가 모순명제인지 진리표 혹은 논리적 동치법칙을 이용하여 답하시오.

5. 다음 물음에 답하시오.
   (1) (p∨q)→ r ≡ (p→ r)∧(q→ r) 임을 논리적 동치법칙을 이용하여 보이시오.
   (2) 합성명제 ((p→q)∧~p) → q를 논리적 동치법칙을 이용하여 연산자 개수가 최소가 되도록 간략히 하시오.

6. x는 컴퓨터학과 학생이고, p(x): '프로그래머 수학을 수강한다', q(x): 'C언어를 수강한다'일 때, 다음 두 문장을 기호로 표시하시오.
   (1) 모든 컴퓨터학과 학생은 프로그래머 수학을 수강하고 C언어를 수강한다.
   (2) 프로그래머 수학을 수강하지만 C언어는 수강하지 않는 학생이 있다.

7. p→~q, ~r→q 로 부터 p→~r 을 추론하는 것이 유효 추론인지 진리표를 이용하여 판단하시오.

8. p(x): 12의 약수, q(x): 6의 약수라고 할 때, ∀x p(x)→q(x)가 성립하는가? 이유를 설명하시오.

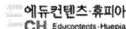

4장 증명법

어떤 프로그래머가 자신이 개발한 프로그램이 기존의 것보다 훨씬 우수한 성능을 보인다고 주장하려고 한다면 어떻게 해야 할까? 자신의 프로그램이 타 프로그램에 비해 처리속도, 유용성, 유지보수성 등 여러 가지 면에서 우수하다는 것을 자료로 보여야 할 것이다. 어떠한 명제나 논증이 타당한지를(참임을) 보여주는 과정을 증명(proof)라 한다.

증명하는 방법에는 크게 세 가지로 직접증명법(direct proof), 간접증명법(indirect proof), 수학적 귀납법(mathematical induction)으로 분류할 수 있다. 가정을 p라고 하고 결론을 q라고 두자. 직접 증명은 가정으로부터 직접 결론을 도출하는 방법으로, 조건 명제 p→q의 p가 참이라고 가정하고 정리와 공리를 이용하여 명제 q가 참이 됨을 증명하는 방법이다. 간접증명은 조건 명제 p→q를 논리적 동치를 이용하거나 다양한 형태로 변형하여 증명하는 방법으로 대우증명법, 모순증명법, 반례증명법 등이 있다. 수학적 귀납법은 p_1, p_2, $\cdots$, p_n이 참이라고 할 때 p_{n+1}의 경우도 참이라는 것을 보이면서 증명하는 방법으로 관찰과 실험에 기반한 가설을 귀납추론을 이용하여 일반적인 규칙을 증명한다. 수학적 귀납법은 가장 최근에 개발된 증명 방법 중 하나이며 다음 절에서 먼저 학습한 후 직접증명법, 간접증명법 순서로 학습한다.

4-1 수학적 귀납법

수학적 귀납법에 의한 증명에서는 p_1, p_2, $\cdots$, p_n이 참이라고 할 때 p_{n+1}의 경우도 참이라는 것을 보인다. 따라서, n이 1인 경우에 성립하는 것을 보이고, 모든 양의 정수 n에 대해 성립한다고 가정하면 n+1의 경우에도 성립하는 것을 보이는 방법이다.

수학적 귀납법의 원리

정수 n(n≥a)에 대해 어떤 명제 P(n)이 주어졌을 때, P(n)이 n≥a인 모든 정수에 대해서 참임을 증명하기 위한 방법이다. n이 a일 때, a+1일 때, a+2일 때, … 등등 성립한다고 해도 정수는 무한하기 때문에 모든 정수에 대해 실제 성립한다는 것을 보일 수가 없다. 따라서 수학적 귀납법을 사용해 가설을 세운 후 귀납추론을 통해 단계적으로 입증한다.

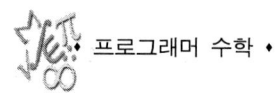

용어 정의
- 공리(axiom) : 별도의 증명 없이 참(T)으로 이용되는 명제
- 정리(theorem) : 공리와 정의를 통해 참(T)으로 확인된 명제

수학적 귀납법에 의한 증명법

정수 n(n≥a)에 대해 어떤 명제 P(n)가 성립함을 증명하자. 증명할 때 다음과 같은 세 단계를 명시하면서 단계적으로 적는 것이 좋다.

> **1) Basic Step (기초단계)**
>   n = a(초기값)일 때, P(a)가 성립함을 보인다.
> **2) Inductive Hypothetic (귀납가정)**
>   양의 정수 k (k>a)에 대해 P(k)가 성립한다고 가정한다.
> **3) Inductive Step (귀납단계)**
>   귀납 가정에 입각하여 k+1의 경우에도 P(k+1)가 성립함을 보여야 한다.

【예제 4.1】 수학적 귀납법을 이용하여 다음 식이 성립함을 보여라.
  $n! \geq 2^{n-1}$ (단, n≥1, n은 자연수)

▶▶풀이

n≥1에 대한 수학적 귀납법을 이용해서 증명한다.
1) 기초단계 : n=1일 때, $1!=1 \geq 2^{1-1}=1$이므로 성립한다.
2) 귀납가정 : n=k일 때, $k! \geq 2^{k-1}$이라고 가정한다.
3) 귀납단계 : n=k+1일 때, $(k+1)! \geq 2^k$임을 보여야 한다.
  $(k+1)! = (k+1) \times k!$
    $\geq (k+1) \times 2^{k-1}$ (∵ 귀납가정에 의해, $k! \geq 2^{k-1}$ 성립한다고 가정)
    $\geq 2 \times 2^{k-1}$ (∵ k≥1이므로 (k+1)≥2)
∴ $(k+1)! \geq 2^k$ 이 됨을 보였다.   ∴ 위 식이 성립한다.

【예제 4.2】 양의 정수 n에 대하여 다음 식이 성립함을 수학적 귀납법을 이용하여 증명하여라.

$$S_n = \sum_{i=1}^{n} i = \frac{n(n+1)}{2}$$

▶ ▶풀이
1) 기초단계 : n=1일 때, s1 = 1 =1x(1+1)/2이므로 성립한다.
2) 귀납가정 : n=k일 때 $S_k = \sum_{i=1}^{k} i = \frac{k(k+1)}{2}$ 이 성립한다고 가정한다.
3) 귀납단계 : n=k+1일 때 $S_{k+1} = \sum_{i=1}^{k+1} i = \frac{(k+1)(k+2)}{2}$ 이 성립함을 보여야 한다.

좌변: $S_{k+1} = S_k + (k+1)$
$= \frac{k(k+1)}{2} + (k+1)$ (∵ 귀납가정 $S_k = \frac{k(k+1)}{2}$ 에 의해)
$= \frac{k(k+1) + 2(k+1)}{2} = \frac{(k+1)(k+2)}{2}$ = (우변)

∴ $S_{k+1} = \frac{(k+1)(k+2)}{2}$ 이 됨을 보였다. ∴ 위 식이 성립한다.

【예제 4.3】 수학적 귀납법을 이용하여 n≥3인 정수일 때, n²>2n+1이 성립함을 증명하여라.

▶ ▶풀이
n≥3에 대한 수학적 귀납법을 이용한다.
1) 기초단계 : n=3인 경우, 3² > 2*3+1 = 7이므로 식이 성립한다.
2) 귀납가정 : n=k 일 때, k² >2k+1 이라고 가정한다.
3) 귀납단계 : n=k+1일 때 (k+1)² >2(k+1)+1 임을 보여야 한다.
   (k+1)² = k²+2k+1
   > (2k+1)+2k+1   (∵ 귀납법 가정에서 k² >2k+1이므로)
   = 2k+2+2k
   = 2(k+1)+2k
   > **2(k+1)+1**   (∵ 여기서, k≥3이므로, 2k≥6이며 2k≥6>1이므로 2k>1)
∴ (k+1)² > 2(k+1)+1이 됨을 보였음. 즉, n=k+1일 때도, 식이 성립함을 보였다.
∴ 위 식이 성립한다.

【예제 4.4】 수학적 귀납법을 이용하여 n≥4인 정수일 때, 2ⁿ<n! 을 증명하여라.

▶▶풀이
1) 기초단계 : n=4인 경우, 2=16 < 24=4!이므로 2^n<n!이 성립한다.
2) 귀납가정 : n=k일 때, 2^k < k!이라고 가정한다.
3) 귀납단계 : n=k+1일 때, 2^{k+1}< (k+1)! 임을 보여야 한다.
   2^{k+1} = 2 x 2^k < 2 x k!   (∵ 귀납법 가정 2^k < k! 에 의해)
          < (k+1)x k! (∵ k≥4이므로, k+1≥5이며 k+1≥5>2이므로 (k+1)>2임)
          = **(k+1)!**
   ∴ 2^{k+1} <(k+1)!이 되어 n=k+1 일 때도 위 식이 성립함을 보였다.
   그러므로, n≥4인 정수일 때, 2^n< n! 이 성립함

‖[문제 1]‖ n≥5일 때, $2^n > n^2$이 성립함을 수학적 귀납법으로 증명하라.

4-2 직접 증명법

직접 증명법이란?

직접 증명법(direct proof)은 우리가 통상 주어진 유용한 정보로부터 추론을 통해 목적하는 결론을 유도하는 증명법으로 명제를 변형하지 않고 조건 명제 p→q가 참이 됨을 증명하는 방법이다. 주어진 명제(p)를 참이라고 가정하고 여러 가지 정리와 공리를 이용하여 명제(q) 또한 참이 되는 것을 증명한다.

【예제 4.5】 정수 n이 홀수일 때, n^2도 홀수임을 직접증명법을 이용하여 증명하여라.
▶▶풀이
   p : 정수 n이 홀수이다.
   q: n^2이 홀수이다.
p→q가 참임을 증명한다.
명제 p가 참이므로(n은 홀수), n=2k+1 (k∈Z) 이다. 따라서 n^2= $(2k+1)^2$= $4k^2+4k+1$= $2(2k^2+2k)+1$가 된다. $2k^2+2k$을 A로 두면, $2(2k^2+2k)+1$= 2A+1 로서 홀수이다.
   ∴ n^2은 홀수이다.

【예제 4.6】 자연수 k에 대하여, 3k+1의 제곱은 다시 3k+1 형태로 나타낼 수 있음을 직접증명법을 이용하여 증명하여라.
▶▶풀이
3k+1의 제곱은 $(3k+1)^2 = 9k^2+6k+1 = 3(3k^2+2k)+1$이다. k가 자연수이므로, $3k^2+2k$도 자연수이다. 따라서, 임의의 자연수 k에 대하여 3k+1의 제곱은 다시 3k+1의 형태로 나타낼 수 있다.

【예제 4.7】 정수 n이 5의 배수이면 n^3도 5의 배수임을 직접증명법을 이용하여 증명하여라.
▶▶풀이
n이 5의 배수이면 n=5k (k∈Z)로 나타낸다. $n^3 = (5k)^3 = 125k^3 = 5(25k^3)$이며, 5의 배수이다. 따라서, n^3도 5의 배수이다.

‖[문제 2]‖ 모든 정수 n에 대해 n(n+1)은 짝수임을 직접 증명법을 이용하여 증명하여라.

【예제 4.8】 x의 절대값 |x|는 x가 양수이거나 0일 경우에는 x이고, x가 음수일 경우에는 –x가 된다. 만일 |x| > |y|이라면, $x^2 > y^2$임을 증명하여라.

▶▶풀이
|x|>|y| 이고 모든 수의 절대값은 0보다 크므로, $|x|^2 > |y|^2$이다.
또한 임의의 수 k에 대해,
· k가 양수이라면, |k|= k이고 $|k|^2 = k^2$ 이다.
· k가 음수이라면, |k|= -k이므로 $|k|^2 = (-k)(-k) = k^2$이다.
즉, $|k|^2 = k^2$
따라서 $|x|^2 = x^2$이고 $|y|^2 = y^2$이므로 $|x|^2 > |y|^2 \Leftrightarrow x^2 > y^2$
∴ |x| > |y|이라면, $x^2 > y^2$이다.

【예제 4.9】 두 유리수의 합이 유리수임을 직접 증명법으로 증명하여라.
▶▶풀이
• 유리수의 정의 : A가 유리수라면 A=b/a의 형태로 나타낼 수 있다. 이때,

a와 b는 서로소인 두 정수이어야 하고 a는 0이 아닌 정수이어야 함. 서로소란 최대공약수가 1인 두 수를 말한다.

두 유리수를 x, y라고 하자.

x=p/q, y=s/t로 가정하자. (p, q, s, t는 정수, q≠0, t≠0, p와 q는 서로소이며 s와 t도 서로소임)

x + y = p/q + s/t = (pt+sq)/qt이다. 여기서, q와 t가 0이 아니므로 qt≠0이고, pt+sq와 qt는 정수이다. 그러므로 유리수의 정의에 의해, 두 유리수의 합인 x+y도 유리수이다.

4-3 간접 증명법

간접 증명법이란?

간접 증명법(Indirect proof)은 증명하고자 하는 명제를 논리에 어긋나지 않는 범위에서 증명하기 쉬운 명제로 변환하여 증명하는 방법을 말한다. 간접 증명법은 크게 세 가지 즉, 대우 증명법, 모순 증명법, 반례 증명법이 있다.

(1) 대우 증명법(proof by contraposition)

앞서 3-3절에서는 조건 명제와 그 대우는 동치라는 것을 공부하였다. 대우 증명법은 조건 명제와 그 대우가 동치인 것을 이용하여 조건 명제 p→q가 참이면 그 대우인 ~q→~p도 참이므로, 조건 명제를 증명하기 위해 그 대우를 증명하는 방법이다. 즉, 주어진 명제의 대우가 참임을 증명함으로써 원래 증명하고자 하는 명제도 참임을 증명하는 방법이다.

【예제 4.10】 n^2이 짝수면 n이 짝수임을 대우증명법을 이용하여 증명하여라.
▶▶풀이
  p : n^2은 짝수이다.   q : n은 짝수이다.
  ~p : n^2은 짝수가 아니다(즉, 홀수이다).
  ~q : n은 짝수가 아니다(즉, 홀수이다).

조건 명제 p→q의 대우는 ~q→~q : 'n은 홀수이면 n^2은 홀수이다.'이며, 대우가 참임을 증명하면 된다.
  n이 홀수라면 n= 2k+1로 표현할 수 있다. (이때, k는 정수)
  n^2 = $(2k+1)^2$ = $4k^2+4k+1$ = $2(2k^2+2k)+1$이 되어 n^2도 홀수이다.
  즉, 주어진 명제의 대우인 'n은 홀수이면 n^2도 홀수이다'를 증명하였다.
  ∴ 주어진 명제 'n^2이 짝수이면 n이 짝수이다.'가 참이다.

【예제 4.11】 실수 x에 대하여 |x|>1이면 x>1 또는 x<-1임을 대우증명법을 이용하여 증명하여라.

▶▶풀이
  p : |x|> 1   q : x>1 또는 x<-1
  조건 명제 p→q의 대우는 ~q→~q이며, 이 대우명제가 참임을 증명하면 된다.
  ~p : |x|≤ 1   ~q : -1≤ x ≤1

  대우 ~q→~p : -1≤x≤1 이면 |x| ≤ 1 이다.
  x의 범위로 두 가지로 나누어 보자.
  i) 0≤x≤1 일 때, x는 양수이므로 |x|= x이다. | x|= x ≤1이 되어 |x| ≤ 1이다.
  ii) -1≤x<0 일 때, x는 음수이므로 |x|= -x이다. |x|= -x ≤1이 되어 역시 |x| ≤ 1이다.
  즉, -1≤x≤1 이면 |x| ≤ 1임을 증명하였다. ∴ 주어진 명제가 참임을 증명하였다.

(2) 모순 증명법(proof by contraposition)

주어진 명제를 일단 부정한 후 논리를 전개하여 결론이 모순됨을 보여줌으로써 결국 그 명제가 참임을 증명하는 방법이다. 기존의 방법으로는 쉽게 증명하지 못하는 경우에 사용하는 방법이며 귀류법이라고도 한다.

조건 명제 p→q는 ~p∨q와 동치이고 ~p∨q = ~(p∧(~q))이므로, p→q가 참이면 동치인 ~(p∧(~q)) 역시 참이 된다. 모순 증명법에서는 주어진 명제 p→q를 부정하면(즉, 참이 아니라고 함) 그와 동치인 ~(p∧(~q))도 참이 아니다. 즉, ~(p∧(~q))이 참이 아니라는 말은 p∧(~q)이 참이라는 말이다. 따라서 p∧(~q)가 참이라고 가정하고, 모순이 유도되면 본래의 명제를 부정한 것이 잘못되었다는 것이다. 다시 말해서 원래의 명제가 참임을 증명하게 된다.

【예제 4.12】 n이 정수일 때 n+m=0이 되는 정수 m은 유일하게 한 개 존재함을 증명하여라.

▶▶풀이

모순 증명법으로 증명한다.

먼저 주어진 명제가 참이 아니라고 가정한다. 즉, 'n+m=0을 만족하는 정수 m은 유일하게 한 개 존재하는 것이 아니다'라고 가정한다. 다시 말해서 m이 아닌 다른 정수 k(k≠m)가 존재한다고 가정한다.

그러면 n+k=0이므로 n+k=n+m이며, k=m이 된다. 가정에서 k≠m이므로 이것은 모순이 된다. 따라서 정수 n에 대해 n+m=0을 만족하는 정수는 m이 유일하다.

【예제 4.13】 $\sqrt{2}$가 유리수가 아님을 증명하여라.

▶▶풀이

모순 증명법으로 증명한다.

$\sqrt{2}$가 유리수라고 가정하자. 유리수의 정의에 의해 $\sqrt{2}$ = b/a (a와 b는 서로소인 정수, a≠0)가 된다.

$\sqrt{2}$ = b/a ⇔ 2 = b^2/a^2
   ⇔ $2a^2 = b^2$ .... 식①
   ⇔ $2a^2$은 짝수이므로 b^2도 반드시 짝수이다.
   ⇔ b^2이 짝수이면 <u>b도 짝수이다</u>. (∵ 예제 4.10에서 증명하였음)
   ⇔ b = 2k (k는 정수)

식①에 b=2k를 대입하면 $2a^2 = (2k)^2 = 4k^2$이고, $a^2 = 2k^2$이므로 a^2은 짝수이다. a^2가 짝수이면 <u>a도 짝수이다</u>. 따라서, a와 b 모두 짝수이므로 a와 b는 서로소이라는 가정에 모순이 된다.

∴ $\sqrt{2}$가 유리수가 아니다.

‖【 문제 3 】‖ 'n이 양의 정수일 때, 만약 n이 2가 아닌 소수(prime number)라고 하면 n은 홀수이다'를 모순증명법으로 증명하여라.

(3) 반례에 의한 증명법(proof by counter-example)

주어진 명제에 모순이 되는 간단한 예를 한 가지 보임으로써 명제가 거짓임을 증명하는 방법이다. 명제를 거짓으로 만드는 예가 하나라도 존재하면 그 명제는 거짓이 된다.

【예제 4.14】 모든 실수 x, y에 대해 x < y이면 $x^2 < y^2$인지 증명하여라.
▶▶풀이
반례를 들어 위 명제가 거짓임을 증명한다.
x=-2, y=0인 경우 -2<0이므로 x<y이지만, $(-2)^2=4 > 0^2$ 이므로 $x^2<y^2$ 성립하지 않음.
∴ 주어진 명제는 거짓이다.

【예제 4.15】 다음 명제가 참이면 증명하고 거짓이면 반례를 들어라.
'양의 정수 p에 대해 p^2+1은 소수이다.'
▶▶풀이
p=3일 때 $3^2+1 = 10$이 되어 소수가 아니다.
∴ 주어진 명제는 거짓이다.

‖[**문제 4**]‖ x는 실수일 때 $x^2 < (x+1)^2$가 참인지 거짓인지 증명하여라.

증명할 때 저지르기 쉬운 실수

1) 특정한 경우를 통해서 일반화시켜 일반적인 것이 성립한다고 논증한다.

2) 다른 두 변수를 나타내기 위해 동일 문자를 사용한다.
   잘못된 예) m, n을 짝수라고 가정한다. m=2k, n=2k (k는 정수)
   올바른 예) m, n을 짝수라고 가정한다. m=2k, n=2l (k와 l은 정수)

3) 결론으로 건너뛴다.
   잘못된 예) m=2k, n=2l ⇒ m+n는 짝수의 합이므로 짝수이다.
   올바른 예) m=2k, n=2l ⇒ m+n=2k+2l=2(k+l)은 2의 배수이므로 m+n은 짝수이다.

4) 논점을 피해간다. 증명되어야 할 사실을 그냥 참이라 가정하고 넘어간다.
   잘못된 예) (두 홀수의 곱은 홀수임을 증명하려 할 때)
          m=2a+1, n=2b+1이라 두면, 두 홀수의 곱 m×n은 홀수가 된다.
   올바른 예) m=2a+1, n=2b+1이라 두면, 두 홀수의 곱 m×n = (2a+1)(2b+1) = 4ab
          +2a+2b+1 = 2(2ab+a+b)+1이며 홀수이다. ∴ 두 홀수의 곱은 홀수이다.

5) '왜냐하면' 이라는 단어를 '만약'으로 잘못 사용한다.

【 4장 연습문제 】

※ (1~2번) 다음을 수학적 귀납법을 사용하여 증명하시오.

1. $\sum_{k=1}^{n} k^2 = \dfrac{n(n+1)(2n+1)}{6}$

2. $n(n^2+5)$는 6의 배수이다.

※ (3~10번) 다음을 증명하시오. (단, <u>어떤 증명법을 사용하여 증명하였는지 명시할 것</u>)

3. 두 짝수의 합은 항상 짝수이다.

4. n^2이 홀수이면 n이 홀수이다.

5. 두 개의 홀수 n, m의 곱은 홀수이다. (n,m∈Z)

6. 짝수와 홀수의 곱은 짝수이다.

7. 자연수 n에 대하여 n^2+n은 항상 짝수다.

8. 두 실수 x, y에 대하여, x+y>2 이면 x>1 또는 y>1이다.

9. 정수 n에 대하여, 3n+2가 홀수면 n은 홀수이다.

10. 모든 실수 x에 대하여, x>y 이면 $x^2>y^2$이다.

5장 집합론(Set Theory)

5-1 집합의 표현(Representation of Sets)

집합이란?

수학적 성질을 가지는 객체들(objects)의 모임을 의미한다. 명확한 기준에 의해 분류되어 공통된 성질을 가지며 중복되지 않는 원소(element)의 모임이다.

- 집합의 표시 : 알파벳 대문자 A, B, C, ..., Z
  집합의 원소 : 알파벳 소문자 a, b, c, ..., z

- 집합의 원소의 포함관계
  $a \in S$: a가 집합 S의 원소이다.
  $a \notin S$: a가 집합 S의 원소가 아니다.

- 집합의 표현 방식 : 원소 나열법과 조건 제시법 두 가지 방법으로 표현할 수 있다.
  - **원소 나열법** : 집합의 원소들을 하나하나 나열하는 방법이다.
    $S = \{1, 2, 3, 4, 5\}$
  - **조건 제시법** : 집합에 포함된 원소들이 가지고 있는 공통된 성질을 기술하여 나타내는 방법이다. $S = \{ x \mid p(x) \}$
    예) $S = \{x \mid x$는 자연수, $1 \leq x \leq 5\}$ 혹은 $\{x \in N \mid 1 \leq x \leq 5\}$ 혹은 $\{x \mid 1 \leq x \leq 5, x \in N\}$ 등

- **집합의 카디낼리티**(기수; cardinality) : 집합 S에 있는 서로 다른 원소들의 개수이다. |S|로 표기한다.

- 유한집합과 무한집합
  - 유한 집합(finite set) : 원소의 개수가 0 또는 양의 정수 값을 갖는 집합이다.
  - 무한 집합(infinite set) : 유한집합이 아닌 집합이다.

- 전체집합과 공집합
  - 전체 집합(universal set) : 모든 원소의 집합이며 U로 표기한다.
  - 공집합(empty set) : 어떤 원소도 갖지 않는 집합이며 $\emptyset$ 또는 { }로 표기한다.

【예제 5.1】 다음 집합을 원소 나열법과 조건 제시법, 두 가지 방법으로 표현하시오.
 (1) 원소가 0, 1, 2, 3, 4인 집합 A   (2) 1부터 100까지의 자연수의 집합 B

▶▶풀이
(1) 원소 나열법: A={0, 1, 2, 3, 4},   조건 제시법: A={ x | 0≤x≤4, x∈Z}
(2) 원소 나열법: B={1, 2, 3, ..., 99, 100},   조건 제시법: B ={ x | x∈N, x≤100}

【예제 5.2】 다음 집합을 조건 제시법으로 표현하시오.
(1) 50과 100사이의 정수의 집합   (2) 0에서 10까지의 실수의 집합
(3) 짝수의 집합   (4) {0, 3, 6, 9, 12, 15, 18}

▶▶풀이
(1) { x | 50<x<100, x∈Z}   (2) { x | 0≤x≤10, x∈R}
(3) { x | x=2k, k∈Z}   (4) { x | x=3k, 0≤k≤6, k∈Z}

【예제 5.3】 다음 집합의 카디낼리티(기수)를 구하시오.
(1) A= { x | -10≤x≤10, x∈Z}   (2) B= { x | 0≤x≤1, x∈R}

▶▶풀이
(1) -10부터 10까지의 정수의 집합이며 원소의 개수는 21개이다. |A|= 21
(2) 0부터 1까지의 실수의 집합이며 원소의 개수는 무한개이다. |B|= ∞

부분 집합과 진부분 집합

● **부분 집합(subset)**
두 집합 A, B에서 집합 A의 모든 원소가 집합 B의 원소에 모두 포함되면, 집합 A는 집합 B의 부분 집합이라고 하고 A⊆B로 표기한다. (집합 A가 집합 B의 부분 집합이 아니면 A⊈B로 표기함)
 - 공집합 ∅는 다른 모든 집합(A)의 부분 집합이다. 즉, ∅ ⊆ A

● **진부분 집합(proper subset)**
집합 A가 집합 B의 부분 집합이면서 A와 B는 서로 같지 않을 때 즉, A⊆B이고 A≠B인

경우 A는 B의 진부분 집합이라 하고, A⊂B로 표기한다. (집합 A가 B의 진부분 집합이 아니면 A⊄B로 표기함)

두 집합 A, B에서 부분 집합과 진부분 집합 관계는 그림 5.1로써 쉽게 이해할 수 있다.

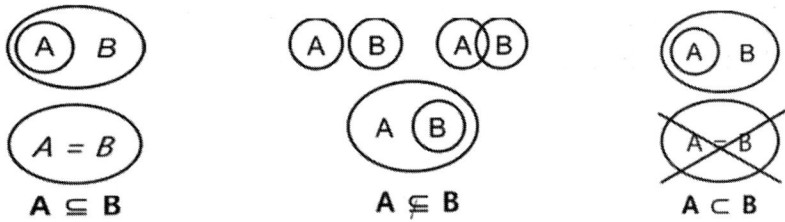

[그림 5.1] 부분 집합과 진부분 집합 관계

● 부분 집합과 진부분 집합의 개수
  - 원소의 개수가 n개인 집합의 부분 집합의 개수 : 2^n
  - 원소의 개수가 n개인 집합의 진부분 집합의 개수 : $2^n - 1$

【예제 5.4】 집합 S = {1, 2, 3}의 부분 집합들과 진부분 집합들을 구하여라.
▶▶풀이
 S의 부분 집합은 ∅, {1}, {2}, {3}, {1, 2}, {1, 3}, {2, 3}, {1, 2, 3}이고, 진부분 집합은 자기 자신인 {1, 2, 3}을 제외한 {∅, {1}, {2}, {3}, {1, 2}, {1, 3}, {2, 3}}이다.

부분 집합들의 관계

집합 A, B, C에 대하여 다음의 관계가 성립한다.

> ① A∩B ⊆ A, A∩B ⊆ B
> ② A⊆ A∪B, B⊆ A∪B
> ③ If A⊆ B and B⊆ C, then A⊆ C

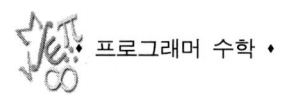

동일집합과 여집합

- **동일집합** : 집합 A, B가 (A⊆B)∧(B⊆A) 일 때 동일집합이라 하고, A=B로 표기한다.
- **여집합(Complement)**: 집합 A의 여집합은 전체집합 U에 속하면서 A에 속하지 않는 원소들의 집합이며, A^c로 표기한다. A^c = {x | x∈ U, x∉ A}
  - 전체 집합 U의 여집합 U^c = ∅이 되고, 공집합 ∅의 여집합 $∅^c$ = U이다.

정리 5.1

임의의 집합 A, B, C와 전체 집합 U라고 두자.
(1) ∅ ⊆ A ⊆ U
(2) A ⊆ A
(3) (A⊆B ∧ B⊆C) → A⊆C
(4) (A⊆B ∧ B⊆A) ↔ A = B
(5) ∅⊆{∅}, ∅ ∈ {∅}

공집합 ∅는 모든 다른 집합(A라 두자)의 부분 집합이 되므로, ∅ ⊆ A이다. 또한, 어떤 집합 A의 모든 원소들은 모두 전체 집합의 원소가 되므로 전체집합 U의 부분 집합이다. 즉, A ⊆ U이다.

5-2 집합의 연산

집합을 나타내는 가장 일반적인 방법 중 하나는 중괄호 { }안에 원소들을 나열하는데, 원소의 순서는 바뀌어도 동일한 집합이며 같은 원소를 한번 이상 나열해도 동일한 집합이다. 예를 들면, 집합 {a, b}와 {b, a}는 동일하며 {a}와 {a, a}, {a, a, a} 등도 서로 동일한 집합이다.

순서쌍(ordered pair)은 괄호 ( ) 안에 두개의 원소들(즉, 원소 쌍)을 나열한 형태로 순서로 구분되는 원소들의 쌍이다. 순서쌍은 순서로 구분되기 때문에 괄호 안에 첫 번째 원소와 두 번째 원소의 순서가 바뀌면 다른 순서쌍이 된다. 예를 들면, (a, b)와 (b, a)는 서로 다른 원소쌍이다.

집합은 다양한 연산이 가능하며 집합 연산자를 사용하여 새로운 집합을 만들 수 있다. 다음 표는 집합 사이의 연산자와 각 연산으로 만들어지는 새로운 집합을 벤 다이어그램을 통해 보여준다.

합집합(Union) : A ∪ B	교집합(Intersection) : A ∩ B
A ∪ B = { x | x∈ A ∨ x∈ B } · A와 B에 모두 속하거나 두 집합 중 어느 한 집합에 속하는 원소의 집합 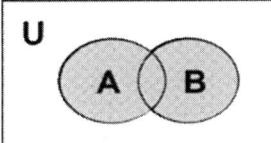	A ∩ B = { x | x∈ A ∧ x∈ B } · A와 B에 모두 속하는 원소의 집합 · A∩B=∅ → A, B는 서로소 (disjoint) 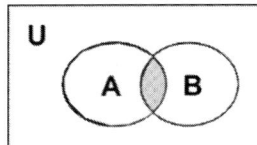
차집합(difference) : A - B	대칭차집합(Symmetric difference) : A⊕B

A-B = { x| x∈A ∧ x∉ B } = A∩B^c
· A에는 속하지만 B에는 속하지 않는 원소의 집합
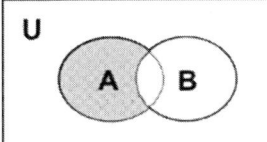
	A⊕B ={ x| x∈ A∪B ∧ x∉ A∩B }
	    ={ x| x∈ A-B ∨ x∈ B-A}
	    ={ x| (x∈A∧x∉B) ∨ (x∉A∧x∈B)}
	    ={ x| x∈ ((A∪B)-(A∩B)) }
	· A-B 혹은 B-A에 속하는 원소의 집합
	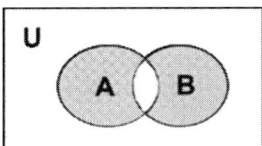

여집합 또는 보집합(Complement) : $\overline{A}, A^c, A'$	곱집합(Cartesian product) : A X B
$\overline{A} = A^c = A'$ = { x | x∈U ∧ x∉ A } = U - A · 전체집합 U에는 속하지만 A에는 속하지 않는 원소의 집합	A X B = { (a, b) | a∈ A, b∈ B } · 첫 번째 원소 a는 집합 A에 속하는 원소이고, 두 번째 원소 b는 집합 B에 속하는 원소로 구성된 모든 순서쌍의 집합

기호 ∨는 or, ∧는 and를 나타낸다.

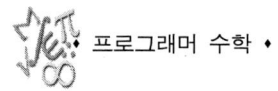

집합 연산의 카디낼리티

앞에서 집합 S의 카디낼리티는 그 집합에 있는 서로 다른 원소의 개수이며 |S|로 표기하였다. 유한 집합 A, B C와 집합의 연산으로 만들어진 새로운 집합들에 대해 성립하는 카디낼리티 식은 다음과 같다.

```
| A∪B | = |A| + |B| - |A∩B|
| A∩B | = |A| + |B| - |A∪B|
| A∪B∪C | = |A| + |B| + |C| - |A∩B| - |A∩C| - |B∩C| + |A∩B∩C|
| A-B | = |A∩Bᶜ| +|A| - |A∩B|
| A✕B | = |A|×|B|
```

【예제 5.6】 집합 A, B, C가 유한 집합이고 |A| = 7, |B| = 9, |C| = 11, |A∩B| = 4, |A∩C| = 4, |B∩C| = 7, |A∩B∩C| = 4일 때, |A∪B∪C|와 |AxB|를 구하여라.

▶▶풀이
| A∪B∪C | = |A| + |B| + |C| - |A∩B| - |A∩C| - |B∩C| + |A∩B∩C|
            = 7+9+11-4-4-7+4 = 16
| AxB | = |A|×|B| = 7×9 = 63

집합의 대수법칙

공집합은 ∅, 전체 집합은 U라 할 때 집합의 연산에 대한 기본적인 규칙인 대수법칙은 표 5.1에 정리되어 있다. 대수법칙을 사용하면 연산식을 간단히 할 수 있다.

[표 5.1] 집합의 대수 법칙

집합	법칙 이름
$A \cup A = A$ $A \cap A = A$	멱등법칙(idempotent law)
$A \cup \emptyset = A,\quad A \cap U = A$ $A \cup U = U,\quad A \cap \emptyset = \emptyset$	항등법칙 (identity law)
$A \cup B = B \cup A$ $A \cap B = B \cap A$	교환법칙(commutative law)
$(A \cup B) \cup C = A \cup (B \cup C)$ $(A \cap B) \cap C = A \cap (B \cap C)$ $(A \oplus B) \oplus C = A \oplus (B \oplus C)$	결합법칙(associative law)
$A \cup (B \cap C) = (A \cup B) \cap (A \cup C)$ $A \cap (B \cup C) = (A \cap B) \cup (A \cap C)$	분배법칙 (distributive law)
$A \cup (A \cap B) = A$ $A \cap (A \cup B) = A$	흡수법칙 (absorption law)
$A \cup A^c = U,\quad A \cap A^c = \emptyset$ $U^c = \emptyset,\quad\quad \emptyset^c = U$ $(A^c)^c = A$	보 법칙 혹은 역 법칙(complement law)
$A - B = A \cap B^c$	차집합법칙
$(A \cup B)^c = A^c \cap B^c$ $(A \cap B)^c = A^c \cup B^c$	드모르간법칙(DeMorgan's law)
$A - A = \emptyset,\quad A - \emptyset = A$	기타 법칙

간혹, 항등법칙의 $A \cup U = U$ 와 $A \cap \emptyset = \emptyset$을 따로 분류하여 지배법칙(domination law)이라고 하기도 한다. 그러나 대부분 항등법칙이라고 분류하므로 이 책에서는 항등법칙에 같이 포함시켜 두기로 한다.

【예제 5.7】 대수법칙을 이용하여 다음 흡수법칙을 증명하시오.
(1) A ∪ (A∩B) = A   (2) A ∩ (A∪B) = A
▶▶풀이
(1) A ∪ (A∩B) = (A∩**U**) ∪ (A∩B)   ..... 항등법칙
              = A ∩ (**U**∪B)   ..... 분배법칙
              = A ∩ **U**   ..... 항등법칙
              = A   ..... 항등법칙
(2) A ∩ (A∪B) = (A∪∅) ∩ (A∪B)   ..... 항등법칙
              = A ∪ (∅∩B)   ..... 분배법칙
              = A ∪ ∅   ..... 항등법칙
              = A   ..... 항등법칙

【예제 5.8】 대수법칙을 사용하여 다음 식을 최소화하시오. (즉, 집합 연산자의 개수가 최소가 되도록 간략히 할 것)
(1) (A^c∪B) ∩ A   (2) (A^c∪B^c)^c - (A^c∩B)
▶▶풀이
(1) (A^c∪B) ∩ A = A ∩ (A^c ∪B) ..... 교환법칙
                   = (A∩A^c) ∪ (A∩B) ..... 분배법칙
                   = ∅ ∪ (A∩B)   ..... 보법칙
                   = A∩B   ..... 항등법칙   ∴ A∩B
(2) (A^c∪B^c)^c - (A^c∩B)
    = $((A^c)^c \cap (B^c)^C) - (A^C \cap B)$ ..... 드모르간의 법칙
    = $(A \cap B) - (A^C \cap B)$ ..... (이중) 보 법칙
    = $(A \cap B) \cap (A^C \cap B)^C$ ..... 차집합 법칙
    = $(A \cap B) \cap ((A^c)^C \cup B^C)$ ..... 드모르간 법칙
    = $(A \cap B) \cap (A \cup B^C)$ ..... (이중) 보법칙
    = $A \cap [B \cap (A \cup B^C)]$ ..... 결합법칙
    = $A \cap [(B \cap A) \cup (B \cap B^C)]$ ..... 분배법칙
    = $A \cap [(B \cap A) \cup \Phi]$ ..... 보법칙
    = $A \cap (B \cap A)$ ..... 항등법칙
    = $A \cap (A \cap B)$ ..... 교환법칙
    = $(A \cap A) \cap B$ ..... 결합법칙
    = $A \cap B$ ..... 멱등법칙   ∴ A∩B

쌍대(Duality)

집합에 관한 명제에서 그 명제 안에 있는 교집합과 합집합을 서로 바꾸고, 전체 집합과 공집합을 서로 바꾸어서 만들어진 새로운 명제를 원래 명제의 쌍대라고 한다. 아래 예제를 보자.

【예제 5.9】다음 명제의 쌍대를 구하시오.
1) $(A \cup B)^c \cap C = A^c \cap B^c \cap C$
2) $A \cup \varnothing = A$

▶▶풀이
 1) ∪을 ∩로 바꾸면… $(A \cap B)^c \cup C = A^c \cup B^c \cup C$
 2) ∪을 ∩로, $\varnothing$를 **U**로 바꾸면, $A \cap \mathbf{U} = A$

5-3 집합류와 멱집합(Class and Power sets)

앞서 5-1절에서 원소의 개수가 n개인 집합(A)의 카디낼리티 $|A| = n$이며, A의 부분 집합의 개수는 2^n개라고 학습하였다. 즉, A의 부분 집합의 개수 $= 2^{|A|}$이다. 이러한 부분 집합의 모임을 **집합류(class)**라고 한다. 집합류란 집합을 원소로 하는 집합 즉, 집합의 집합인 것이다.

멱집합(Power Set)

임의의 집합 S에 대하여 S의 모든 부분 집합을 원소로 갖는 집합을 집합 S의 멱집합이라 하고, $\mathbb{P}(S)$로 표시한다.
$$\mathbb{P}(S) = \{ A \mid A \subseteq S \}, \qquad |\mathbb{P}(S)| = 2^{|S|}$$

【예제 5.10】다음 멱집합을 구하시오.
(1) $\mathbb{P}(\varnothing)$ (2) $\mathbb{P}(\{1\})$
(3) $\mathbb{P}(\{1, 2\})$ (4) $\mathbb{P}(\{1, 2, 3\})$

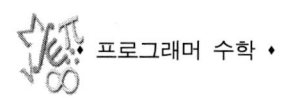

▶▶풀이

(1) 공집합 ∅의 멱집합 $\mathbb{P}(\emptyset)$을 구하는 문제이다. 공집합은 원소의 개수가 0개이므로, 부분집합의 개수는 $2^0=1$개이며 ∅이다. 멱집합은 부분집합을 원소로 하는 집합이므로, 멱집합 $\mathbb{P}(\emptyset)=\{\emptyset\}$, 즉 공집합을 원소로 하는 집합이 된다. ∴ $\mathbb{P}(\emptyset) = \{\emptyset\} = \{\{\}\}$

(2) 집합이 {1}이고, 그것의 멱집합인 $\mathbb{P}(\{1\})$을 구하는 문제이다. 집합 {1}은 원소의 개수가 1개이므로 부분집합의 개수는 $2^1=2$개로써 ∅, {1} 이다. 멱집합은 부분집합을 원소로 하는 집합이므로 { ∅, {1} }이다. ∴ $\mathbb{P}(\{1\}) = \{\emptyset, \{1\}\}$

(3) 집합 {1,2}는 원소의 개수가 2개이므로 부분집합의 개수는 $2^2=4$개로, ∅, {1}, {2}, {1,2}이다. 그러므로, 멱집합 $\mathbb{P}(\{1, 2\}) = \{ \emptyset, \{1\}, \{2\}, \{1,2\} \}$

(4) 집합 {1,2,3}은 원소의 개수가 3개이므로 부분집합의 개수는 $2^3=8$개로, ∅, {1}, {2}, {3}, {1,2}, {1,3}, {2,3}, {1,2,3}이다. 그러므로, 멱집합 $\mathbb{P}(\{1, 2, 3\}) = \{ \emptyset, \{1\}, \{2\}, \{3\}, \{1,2\}, \{1,3\}, \{2,3\}, \{1,2,3\} \}$

【예제 5.11】 집합 A = { a, b, {a} }일 때 집합 A의 멱집합 $\mathbb{P}(A)$를 구하시오.
▶▶풀이
(1) 집합 A의 원소는 a, b, {a}로 3개이다. 집합 A의 부분집합의 개수는 $2^3=8$개이며, ∅, {a}, {b}, {{a}}, {a,{a}}, {b,{a}}, {a,b}, {a,b,{a}}이다. A의 멱집합 $\mathbb{P}(A)$는 이러한 부분집합 8개를 원소로 갖는 집합이므로 $\mathbb{P}(A) = \{\emptyset, \{a\}, \{b\}, \{\{a\}\}, \{a,\{a\}\}, \{b,\{a\}\}, \{a,b\}, \{a,b,\{a\}\} \}$가 된다.

‖【 문제 】‖ 집합 A = { a, b, {a} }일 때 다음 보기에서 틀린 것을 모두 고르시오.
① {a} ∈ A   ② a ∈ A   ③ {a} ⊂ A   ④ {{a}} ⊂ A
⑤ b ∈ A   ⑥ {b} ∈ A   ⑦ b ⊂ A   ⑧ {b} ⊂ A

5-4 집합의 분할

분할((partitions)은 데이터를 분류하는데 있어서 중요한 개념이다. 전체 데이터를 일정한 어떤 기준으로 분류하여, 몇 개의 데이터 집합으로 분류된 데이터베이스를 관리한다고 하자. 분할에 대해서 다음과 같은 조건을 만족해야 한다. 각 데이터 집합에는 적어도 하나의 데이터가 존재해야 하며, 각 데이터는 어떤 한 특정 데이터 집합에만 속해야 한다. 또한 데이터 집합들을 모두 통합하였을 때 전체 데이터가 되어야 한다. 이러한 세 가지 조건을 정리해보면 다음과 같이 분할을 정의할 수 있다.

집합 S의 분할

> 집합 S는 공집합이 아닌 임의의 집합이라 두자.
> **S의 분할** π = { A_1, A_2, A_3, ..., A_i, ..., A_k }
>   1) i = 1, 2, ..., k에 대하여 $A_i \subseteq S$, $A_i \neq \emptyset$
>   2) $S = A_1 \cup A_2 \cup ... \cup A_k$
>   3) $A_i \cap A_j = \emptyset$ for $i \neq j$
> 위 3가지 조건들을 만족하는 집합이다.

【예제 5.12】 자연수의 집합을 짝수와 홀수로 분할하라.

▶▶풀이

A_1 : 짝수의 집합, A_2 : 홀수의 집합이라고 하자.
A_1 = { x | x = 2k, k∈N }, A_2 = { x | x = 2k-1, k∈N }로 둔다.

그 다음, { A_1, A_2 }가 분할이 되는지 세 가지 조건을 확인해본다.
  1) i = 1, 2에 대하여 $A_1 \subseteq N$, $A_2 \subseteq N$이고 $A_1 \neq \emptyset$, $A_2 \neq \emptyset$이다.
     즉, 두 집합 A_1, A_2는 자연수 집합의 부분 집합이며 공집합이 아니다.
  2) $N = A_1 \cup A_2$이다. 즉, 두 집합의 합집합은 자연수 집합이 된다.
  3) $A_1 \cap A_2 = \emptyset$ 즉, 짝수집합과 홀수집합의 교집합은 공집합이다.

위 3가지 조건들을 모두 만족한다.
  ∴ 분할 π = { A_1, A_2 } 이다.

〖 5장 연습문제 〗

1. 집합 A={1,2,3,4,5,6}, B={x |x=2n, 1≤n≤3}, C={3,5,10,17,26} 일 때, 다음 집합식의 원소를 나타내시오.
   (1) A∩B   (2) A∩C   (3) A∩B∩C   (4) A−(B−A)

2. 집합 $S = \{0,1,2,3,4\}$이고, $T = \{0,2,4\}$일 때 다음의 물음에 답하시오.
   (1) S×T 에서 순서쌍의 개수는 몇 개인가?
   (2) {(x,y) | (x,y)∈S×T, x < y} 의 원소를 나열하여라.
   (3) {(x,y) | (x,y)∈S×T, x+y ≥ 3}의 원소를 나열하여라.
   (4) S×T×S 에서 순서쌍의 개수는 몇 개 인가?

3. 조건제시법으로 나타내어진 집합을 원소나열법으로 나타내시오. (공집합은 ∅)
   (1) { x | x∈R, x^2<0 }   (2) { n | n∈N, n은 소수이고 n≤15 }

4. A ={1, 2, {3}}일 때 A의 부분집합들을 구하시오.

5. 집합 A, B, C에 대한 벤 다이어그램에서 물음에 대한 연산 결과를 벤 다이어그램에 빗금으로 나타내시오.

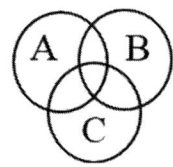

   (1) $\overline{A} \cap \overline{B} \cap C$
   (2) ($\overline{A} \cap B$) − C

6. 전산학과 학생 100명중 자료구조를 수강하는 학생이 48명, 컴퓨터구조를 수강하는 학생이 41명, 이산수학을 수강하는 학생이 40명이다. 15명이 자료구조와 컴퓨터구조를, 13명이 컴퓨터구조와 이산수학을, 그리고 12명이 자료구조와 이산수학을 수강하고, 6명은 어떤 과목도 수강하지 않는다.
   (1) 세 과목을 모두 수강하는 학생의 수는 몇 명인가?
   (2) 두 과목만 수강하는 학생의 수는 몇 명인가?
   (3) 한 과목만 수강하는 학생의 수는 몇 명인가?

7. 다음 식이 성립함을 대수법칙을 사용하여 증명하시오. (단계마다 법칙이름 쓸 것)
   (1) $(A \cup B) \cap (A \cup B^C) = A$
   (2) $(A-B) \cap (A \cup B)^C = \varnothing$

8. 대수법칙을 사용하여 식 $(A \cup B) - (A \cap B)^C$을 최소화 하시오. (즉, 집합의 연산자 개수가 최소가 되도록 간략히 할 것.)

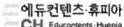

6장 행렬

행렬(matrix)은 컴퓨터 분야에서 원소간의 관계를 나타내는 데 사용되었다. 선형방정식과 같은 수학적 모델이나 네트워크 모델 등에서도 다양하게 사용된다.

6-1 행렬의 개념

행렬이란?

행렬이란 수 또는 문자를 배열의 형태로 나타내는 것을 말한다. n, m을 양의 정수라고 할 때, 실수들로 이루어지는 배열 $\begin{bmatrix} a_{11} & a_{12} & \cdots & a_{1n} \\ a_{21} & a_{22} & \cdots & a_{2n} \\ \vdots & \vdots & & \vdots \\ a_{m1} & a_{m2} & \cdots & a_{mn} \end{bmatrix}$ 을 행렬(matrix)이라고 부른다. 행렬을 나타낼 때 [ ] 대신 ( ) 괄호를 쓰기도 한다. 또한 행렬을 간단히 $[a_{ij}]$라 적고 (여기서, $i=1,...,m$, $i=1,...,n$) m개의 행(row)과 n개의 열(column)을 가지는 m×n 행렬이라 부른다.

예를 들면 제 1열은 $\begin{bmatrix} a_{11} \\ a_{21} \\ \vdots \\ a_{m1} \end{bmatrix}$ 이고, 제 2행은 $[a_{21}\, a_{22}\, \cdots\, a_{2n}]$ 이다. 행렬의 각 원소 a_{ij}를 이 행렬의 ij-항(ij-entry) 혹은 ij-성분(ij-component)이라고 부른다.

【예제 6.1】 다음은 2×3행렬 $\begin{bmatrix} 1 & 2 & -3 \\ -1 & 4 & -5 \end{bmatrix}$는 2개의 행과 3개의 열을 가진다. 행은 [1, 2, -3], [-1, 4, -5]이고, 열은 $\begin{bmatrix} 1 \\ -1 \end{bmatrix}$, $\begin{bmatrix} 2 \\ 4 \end{bmatrix}$, $\begin{bmatrix} -3 \\ -5 \end{bmatrix}$ 이다.

행렬의 각 행은 가로의 n개 원소들의 순서쌍으로 볼 수 있고, 각 열은 세로의 m개 원소들의 순서쌍으로 볼 수 있다. 가로의 n개 원소들의 순서쌍을 행백터(row vector), 세로의 m개 원소들의 순서쌍을 열백터(column vector)라고 부른다. 행백터 $[x_1, ..., x_n]$은

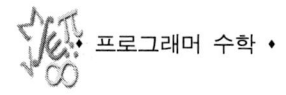

1×n 행렬, 열벡터 $\begin{bmatrix} x_1 \\ \vdots \\ x_n \end{bmatrix}$ 은 n×1 행렬로 볼 수 있다. 행렬을 $[a_{ij}]$로 나타낼 경우 i는 행, j는 열의 번호를 나타낸다. 예를 들어 예제 6.1의 행렬의 경우 a_{11}= 1, a_{12}= 2, a_{13}= -3, a_{21}= -1, a_{22}= 4, a_{23}= -5가 된다. 1개의 원소로 이루어진 행렬은 1×1 행렬로서 $[a]$로 나타낸다.

6-2 행렬의 종류

행렬은 형태나 구성원소에 따라 정방행렬, 영행렬, 전치행렬, 단위행렬, 대칭행렬, 역행렬 등으로 나눌 수 있고 다음과 같이 정의된다.

> [정의]
> ● 행렬 $[a_{ij}]$, $i = 1,...,m$, $i = 1,...,n$ 에 대해, 열과 행의 수가 같은 경우(m=n 인 경우) 이를 **정방행렬(square matrix)**이라고 부른다.
> ● 모든 i, j에 대해 a_{ij}= 0인 행렬을 **영행렬(zero matrix)**이라고 부르고, **0**으로 표기한다. $\boldsymbol{0} = \begin{bmatrix} 0 & 0 & ... & 0 \\ 0 & 0 & ... & 0 \\ \vdots & \vdots & & \vdots \\ 0 & 0 & ... & 0 \end{bmatrix}$

정방행렬의 예를 들면, $\begin{bmatrix} 1 & 2 \\ -1 & 0 \end{bmatrix}$은 2×2 정방행렬이고 $\begin{bmatrix} 1 & -1 & 5 \\ 2 & 1 & -1 \\ 3 & 1 & -1 \end{bmatrix}$은 3×3 정방행렬이다. 두 행렬의 합은 두 행렬의 행과 열이 각각 같아야 연산이 가능하며 다음과 같이 각 원소를 합한 값이 된다.

【예제 6.2】 $A = \begin{bmatrix} 1 & 2 & 0 \\ 2 & 3 & 4 \end{bmatrix}$, $B = \begin{bmatrix} 5 & 1 & 1 \\ 2 & 1 & -1 \end{bmatrix}$ 일 때, $A + B$ 를 구하여라.

▶▶풀이

$A + B = \begin{bmatrix} 1 & 2 & 0 \\ 2 & 3 & 4 \end{bmatrix} + \begin{bmatrix} 5 & 1 & 1 \\ 2 & 1 & -1 \end{bmatrix} = \begin{bmatrix} 1+5 & 2+1 & 0+1 \\ 2+2 & 3+1 & 4-1 \end{bmatrix} = \begin{bmatrix} 6 & 3 & 1 \\ 4 & 4 & 3 \end{bmatrix}$ 이다.

> **정리** O을 영행렬이라 하고 행렬 A는 이 영행렬과 크기가 같은 임의의 행렬일 때 다음의 관계가 성립한다.
>
> O + A = A + O = A

> **[정의] 행렬과 실수와의 곱셈 (스칼라 곱)**
> c는 실수, $A = [a_{ij}]$ 는 임의의 행렬일 때, 행렬 cA의 ij-성분은 ca_{ij}로 정의한다. 즉, $cA = [ca_{ij}]$ 이다.

행렬 A에 실수 c를 곱한다는 것은 A의 각 원소 a_{ij}에 c를 곱한 값인 ca_{ij}가 된다.

【예제 6.3】 $A = \begin{bmatrix} 1 & -1 & 0 \\ 3 & -3 & 2 \end{bmatrix}$, $B = \begin{bmatrix} 3 & 2 & 1 \\ 2 & 1 & 4 \end{bmatrix}$ 일 때, 행렬 A에 -2를 곱한 행렬과 행렬 B에 2를 곱한 행렬을 구하여라.

▶▶풀이

$(-2)A = \begin{bmatrix} -2 & 2 & 0 \\ -6 & 6 & -4 \end{bmatrix}$ 이고, $2B = \begin{bmatrix} 6 & 4 & 2 \\ 4 & 2 & 8 \end{bmatrix}$ 이다.

> **[정의] 덧셈에 대한 역원, -A**
> 임의의 행렬 A에 대하여, -A는 행렬 $[-a_{ij}]$로 정의한다. 실수에서 $a_{ij} - a_{ij} = 0$이므로, 행렬에서도 A+(-A) = 0이다. 행렬 **-A**를 A의 **덧셈에 대한 역원** 또는 **덧셈의 역**(additive inverse)이라 부른다.

> **[정의] 여러 종류의 행렬 정의**
>
> ● $A = [a_{ij}]$ 를 m×n 행렬이라 할 때, $b_{ji} = a_{ij}$가 되는 n×m행렬 $B = [b_{ji}]$를 A의 **전치행렬(transpose matrix)**, A^T로 나타낸다. 따라서 어떤 행렬의 전치행렬은 주어진 행렬의 행과 열을 바꾸면 된다.
>
> ● 정방행렬이면서 대각선상의 원소들은 1이고, 그 외 원소들은 0인 행렬을 **단위행렬(identity matrix 혹은 unit matrix)**이라 하고 I로 나타낸다.
>
> $$I = \begin{bmatrix} 1 & 0 & ... & 0 \\ 0 & 1 & ... & 0 \\ \vdots & \vdots & & \vdots \\ 0 & 0 & ... & 1 \end{bmatrix}$$
>
> ● 어떤 행렬이 자신의 전치행렬과 같을 때, 즉 $A = A^T$를 만족할 때, 이 행렬을 **대칭행렬(symmetric matrix)**이라고 한다. (대칭행렬은 모두 정방행렬이어야 함)
>
> ● A가 n×n 행렬일 때, 행렬 B가 AB = BA = I (여기서, I는 n×n 단위행렬)를 만족시킬 때, B를 A의 **역행렬(inverse matrix)**이라고 하고 A^{-1}로 쓴다. 한편 A의 역행렬이 존재한다면 그것은 유일하다.

행렬 $A = \begin{bmatrix} 2 & 1 & 0 \\ 1 & 3 & 5 \end{bmatrix}$일 때 전치행렬 A^T는 행과 열을 바꾼 $A^T = \begin{bmatrix} 2 & 1 \\ 1 & 3 \\ 0 & 5 \end{bmatrix}$이 된다. 전치행렬은 역행렬을 구하는데 유용하게 활용된다. 역행렬은 6-5절에서 다룬다.

6-3 행렬의 곱

행렬의 곱

> **[정의] 두 행렬의 곱(matrix multiplication)**
>
> m×n행렬 $A = [a_{ij}]$와 n×s행렬 $B = [b_{ij}]$에 대하여, 행렬 A와 B의 곱 AB는 m×s행렬이 되며, 다음과 같이 $AB = [c_{ij}]$로 정의한다.
>
> $$c_{ij} = a_{i1}b_{1j} + a_{i2}b_{2j} + ... + a_{in}b_{nj} = \sum_{k=1}^{n} a_{ik}b_{kj}$$

행렬 A와 B의 곱 AB의 i행 j열의 원소 (i, j)는 행렬 A의 i번째 행과 행렬 B의 j번째 열의 대응되는 원소들 간의 곱들을 합한 값이다. 주의할 것은 행렬 A의 열의 수과 행렬 B의 행의 수가 같을 때에만 곱을 수행할 수 있다. 만일 같지 않으면 AB는 정의되지 않는다.

다음은 두 행렬의 곱이 어떻게 계산되며, 결과 행렬의 크기를 보여준다.

- 1×2행렬과 2×1행렬의 곱
$$[x_1 \ y_1] \times \begin{bmatrix} x_2 \\ y_2 \end{bmatrix} = [x_1 x_2 + y_1 y_2]$$ ⇨ 결과행렬은 1×1행렬

- 2×1행렬과 1×2행렬의 곱
$$\begin{bmatrix} x_1 \\ y_1 \end{bmatrix} \times [x_2 \ y_2] = \begin{bmatrix} x_1 x_2 & x_1 y_2 \\ y_1 x_2 & y_1 y_2 \end{bmatrix}$$ ⇨ 결과행렬은 2×2행렬

- 2×2행렬과 2×1행렬의 곱
$$\begin{bmatrix} a & b \\ c & d \end{bmatrix} \times \begin{bmatrix} e \\ f \end{bmatrix} = \begin{bmatrix} ae & bf \\ ce & df \end{bmatrix}$$ ⇨ 결과행렬은 2×1행렬

- 2×2행렬과 2×2행렬의 곱
$$\begin{bmatrix} a & b \\ c & d \end{bmatrix} \times \begin{bmatrix} e & f \\ g & h \end{bmatrix} = \begin{bmatrix} ae+bg & af+bh \\ ce+dg & cf+dh \end{bmatrix}$$ ⇨ 결과행렬은 2×2행렬

<참고> 두 행렬의 곱을 나타내는 알고리즘

```
Algorithm product(A, B, C)
Begin
    for i=1 to m
        for j=1 to s
        begin
            c_ij = 0
            for k=1 to n
                c_ij = c_ij + a_ik b_kj
        endfor
End
```

【예제 6.4】 $A = \begin{bmatrix} 1 & 2 \\ 3 & 6 \end{bmatrix}$, $B = \begin{bmatrix} 2 & -1 \\ -1 & 4 \end{bmatrix}$ 일 때, 곱 AB와 BA를 구하여라.

▶풀이

$$AB = \begin{bmatrix} 1 & 2 \\ 3 & 6 \end{bmatrix} \times \begin{bmatrix} 2 & -1 \\ -1 & 4 \end{bmatrix} = \begin{bmatrix} 1\times 2+2\times(-1) & 1\times(-1)+2\times 4 \\ 3\times 2+6\times(-1) & 3\times(-1)+6\times 4 \end{bmatrix} = \begin{bmatrix} 0 & 7 \\ 0 & 21 \end{bmatrix}$$

$$BA = \begin{bmatrix} 2 & -1 \\ -1 & 4 \end{bmatrix} \times \begin{bmatrix} 1 & 2 \\ 3 & 6 \end{bmatrix} = \begin{bmatrix} 2\times 1+(-1)\times 3 & 2\times 2+(-1)\times 6 \\ (-1)\times 1+4\times 3 & (-1)\times 2+4\times 6 \end{bmatrix} = \begin{bmatrix} -1 & -2 \\ 11 & 22 \end{bmatrix}$$

<참고> 두 벡터의 내적(inner product) : $[x_1 \; y_1] \bullet [x_2 \; y_2] = [x_1 x_2 + y_1 y_2]$

행렬의 성질

> 세 행렬 A, B, C와 실수 k에 대하여, 다음과 같은 성질이 있다.
>
> (1) 행렬의 곱셈에서 (kA)×B = A×(kB) = k(A×B)이 성립한다.
> (2) 교환법칙이 성립하지 않는다. 즉, A×B ≠ B×A
> (3) 결합법칙이 성립한다. 즉, (A×B)×C = A×(B×C)
> (4) 분배법칙이 성립한다. 즉, A×(B+C) = A×B+A×C, (A+B)×C = A×C+B×C

6-4 행렬식

2차 행렬식

행렬 $A = \begin{bmatrix} a & b \\ c & d \end{bmatrix}$일 때, A의 (또는 A에 대한) 행렬식(determinant)을 |A| 또는 Det(A)로 나타내고, 그 값은 ad-bc로 정의한다. 즉, A의 행렬식 $|A| = \begin{vmatrix} a & b \\ c & d \end{vmatrix} = ad - bc$이다.

예를 들면, $\begin{bmatrix} 2 & 1 \\ 1 & 4 \end{bmatrix}$의 행렬식은 2×4-1×1 =7이고, $\begin{bmatrix} -2 & -3 \\ 4 & 5 \end{bmatrix}$의 행렬식은 (-2)×5-(-3)×4=2가 된다.

3차 행렬식과 n차 행렬식

3차 이상의 행렬식을 구할 때, 소행렬과 여인수를 이용하여 구할 수 있다. 먼저 그 정의를 알아보자.

> **[정의] 소행렬(minor matrix)과 여인수(cofactor)**
>
> n×n행렬 A=$[a_{ij}]$에서 i번째 행과 j번째 열을 제거하여 얻어지는 (n-1)×(n-1)행렬을 A의 소행렬(minor matrix)이라 하고, M_{ij}로 표기한다. 또한 원소 a_{ij}의 소행렬식은 det(M_{ij})라 하고, 여인수(cofactor)는 A_{ij}라 하고 A_{ij} = $(-1)^{i+j}$×det(M_{ij})로 정의한다.

【예제 6.6】 행렬 $A = \begin{bmatrix} 2 & 3 & -1 \\ 5 & -2 & 2 \\ 4 & 1 & -6 \end{bmatrix}$ 일 때 소행렬 M_{11}, M_{23}, M_{31}와 여인수 A_{11}, A_{23}, A_{31}을 각각 구하라.

▶▶풀이

$$M_{11} = \begin{bmatrix} -2 & 2 \\ 1 & -6 \end{bmatrix}, \; M_{23} = \begin{bmatrix} 2 & 3 \\ 4 & 1 \end{bmatrix}, \; M_{31} = \begin{bmatrix} 3 & -1 \\ -2 & 2 \end{bmatrix}$$

이에 대응하는 여인수를 구하면 다음과 같다.

$$A_{11} = (-1)^{1+1} \times \begin{vmatrix} -2 & 2 \\ 1 & -6 \end{vmatrix} = 12 - 2 = 10 \quad A_{23} = (-1)^{2+3} \times \begin{vmatrix} 2 & 3 \\ 4 & 1 \end{vmatrix} = -(2-12) = 10$$

$$A_{31} = (-1)^{3+1} \times \begin{vmatrix} 3 & -1 \\ -2 & 2 \end{vmatrix} = 6 - 2 = 4$$

● 행 또는 열에 의한 전개식

먼저, 3차 행렬식을 살펴보자. 3×3 행렬 $A = [a_{ij}] = \begin{bmatrix} a_{11} & a_{12} & a_{13} \\ a_{21} & a_{22} & a_{23} \\ a_{31} & a_{32} & a_{33} \end{bmatrix}$ 이라 할 때, 이 행렬식의 값 $|A| = Det(A) = \begin{vmatrix} a_{11} & a_{12} & a_{13} \\ a_{21} & a_{22} & a_{23} \\ a_{31} & a_{32} & a_{33} \end{vmatrix}$ 을 구할 때, **행에 의한 전개식(expansion by a row)** 으로 구해보자. 행에 의한 전개식은 다음과 같이 정의된다.

제1행에 의한 전개는 여인수 A_{11}, A_{12}, A_{13} 을 이용하여 다음과 같이 정의된다.

$$\begin{aligned} Det(A) &= a_{11}A_{11} + a_{12}A_{12} + a_{13}A_{13} \\ &= a_{11}(-1)^{1+1} \times \begin{vmatrix} a_{22} & a_{23} \\ a_{32} & a_{33} \end{vmatrix} + a_{12}(-1)^{1+2} \times \begin{vmatrix} a_{21} & a_{23} \\ a_{31} & a_{33} \end{vmatrix} + a_{13}(-1)^{1+3} \times \begin{vmatrix} a_{21} & a_{22} \\ a_{31} & a_{32} \end{vmatrix} \\ &= a_{11} \begin{vmatrix} a_{22} & a_{23} \\ a_{32} & a_{33} \end{vmatrix} - a_{12} \begin{vmatrix} a_{21} & a_{23} \\ a_{31} & a_{33} \end{vmatrix} + a_{13} \begin{vmatrix} a_{21} & a_{22} \\ a_{31} & a_{32} \end{vmatrix} \end{aligned}$$

제2행에 의한 전개는 여인수 A_{21}, A_{22}, A_{23} 을 이용하여 다음과 같이 정의된다.

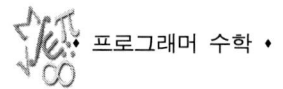

$$Det(A) = a_{21}A_{21} + a_{22}A_{22} + a_{23}A_{23}$$
$$= -a_{21}\begin{vmatrix} a_{12} & a_{13} \\ a_{32} & a_{33} \end{vmatrix} + a_{22}\begin{vmatrix} a_{11} & a_{13} \\ a_{31} & a_{33} \end{vmatrix} - a_{23}\begin{vmatrix} a_{11} & a_{12} \\ a_{31} & a_{32} \end{vmatrix}$$

제3행에 의한 전개는 여인수 A_{31}, A_{32}, A_{33} 을 이용하여 다음과 같이 정의된다.

$$Det(A) = a_{31}A_{31} + a_{32}A_{32} + a_{33}A_{33}$$
$$= a_{31}\begin{vmatrix} a_{12} & a_{13} \\ a_{22} & a_{23} \end{vmatrix} - a_{32}\begin{vmatrix} a_{11} & a_{13} \\ a_{21} & a_{23} \end{vmatrix} + a_{33}\begin{vmatrix} a_{11} & a_{12} \\ a_{21} & a_{22} \end{vmatrix}$$

어느 행으로 전개를 하던 행렬식의 값은 동일하다.

이와 마찬가지로, 행렬식의 값을 **열에 의한 전개식**(expansion by a column)으로도 구할 수 있으며 행렬식 값은 동일하다.

제1열에 의한 전개는 여인수 A_{11}, A_{21}, A_{31} 을 이용하여 다음과 같이 정의된다.

$$Det(A) = a_{11}A_{11} + a_{21}A_{21} + a_{31}A_{31} = a_{11}\begin{vmatrix} a_{22} & a_{23} \\ a_{32} & a_{33} \end{vmatrix} - a_{21}\begin{vmatrix} a_{12} & a_{13} \\ a_{32} & a_{33} \end{vmatrix} + a_{31}\begin{vmatrix} a_{12} & a_{13} \\ a_{22} & a_{23} \end{vmatrix}$$

제 2열에 의한 전개는 여인수 A_{12}, A_{22}, A_{32} 을 이용하여 다음과 같이 정의된다.

$$Det(A) = a_{12}A_{12} + a_{22}A_{22} + a_{32}A_{32} = -a_{12}\begin{vmatrix} a_{21} & a_{23} \\ a_{31} & a_{33} \end{vmatrix} + a_{22}\begin{vmatrix} a_{11} & a_{13} \\ a_{31} & a_{33} \end{vmatrix} - a_{32}\begin{vmatrix} a_{11} & a_{13} \\ a_{21} & a_{23} \end{vmatrix}$$

제 3열에 의한 전개는 여인수 A_{13}, A_{23}, A_{33} 을 이용하여 다음과 같이 정의된다.

$$Det(A) = a_{13}A_{13} + a_{23}A_{23} + a_{33}A_{33} = a_{13}\begin{vmatrix} a_{21} & a_{22} \\ a_{31} & a_{32} \end{vmatrix} - a_{23}\begin{vmatrix} a_{11} & a_{12} \\ a_{31} & a_{32} \end{vmatrix} + a_{33}\begin{vmatrix} a_{11} & a_{12} \\ a_{21} & a_{22} \end{vmatrix}$$

【예제 6.7】 행렬 $A = \begin{bmatrix} 2 & 1 & 0 \\ 1 & 1 & 4 \\ 3 & 2 & -1 \end{bmatrix}$ 라고 할 때, 행렬식 det(A)의 값은?

▶풀이

A의 행렬식을 1행에 의한 전개식으로 값을 구해보자. 1행은 $[2\ 1\ 0]$이며,

$$Det(A) = 2 \times \begin{vmatrix} 1 & 4 \\ 2 & -1 \end{vmatrix} - 1 \times \begin{vmatrix} 1 & 4 \\ 3 & -1 \end{vmatrix} + 0 \times \begin{vmatrix} 1 & 1 \\ 3 & 2 \end{vmatrix} = 2 \times (-1-8) - 1 \times (-1-12) = -5$$

또한, A의 행렬식을 3열에 의한 전개식으로 값을 구해보자. 3열은 $\begin{bmatrix} 0 \\ 4 \\ -1 \end{bmatrix}$이며,

$$Det(A) = 0 \times \begin{vmatrix} 1 & 1 \\ 3 & 2 \end{vmatrix} - 4 \times \begin{vmatrix} 2 & 1 \\ 3 & 2 \end{vmatrix} - 1 \times \begin{vmatrix} 2 & 1 \\ 1 & 1 \end{vmatrix} = -4 \times (4-3) - 1 \times (2-1) = -5$$

이와 같이 1행에 의한 전개식과 3열에 의한 전개식으로 구한 값이 동일하다.

【예제 6.8】 행렬 A=$\begin{bmatrix} 3 & 1 & 2 \\ 1 & 0 & 4 \\ 2 & 1 & 1 \end{bmatrix}$을 2열에 의한 전개식을 이용하여 행렬식을 계산하여라.

▶▶풀이

2열은 $\begin{bmatrix} 1 \\ 0 \\ 1 \end{bmatrix}$이며, $Det(A) = -1\begin{vmatrix} 1 & 4 \\ 2 & 1 \end{vmatrix} - 1\begin{vmatrix} 3 & 2 \\ 1 & 4 \end{vmatrix} = -1(1-8) - 1(12-2) = -3$

여기서는 특히 제2열(혹은 2행)에 0이 포함되어 있으므로 전개과정에서 한 항이 0이 되므로 계산이 더 빨라질 수 있다.

행렬식을 구할 때 다음과 같은 성질을 이용하면 더 효율적으로 계산을 할 수 있다.

정리 행렬식은 다음의 성질들을 만족한다.

nxn 행렬을 A라 두고, 행렬 A의 j번째 열벡터를 A^j라 둔다.

(1) 각 열벡터들의 함수로서 행렬식은 선형이다.
  - j번째 열벡터 A^j가 두 열벡터 C_1, C_2의 합이면 (즉 $A^j = C_1 + C_2$이면)
    $Det(A^1, ..., C_1 + C_2, ..., A^n) = Det(A^1, ..., C_1, ..., A^n) + Det(A^1, ..., C_2, ..., A^n)$.
  - x가 실수일 때,
    $Det(A^1, ..., xA^j, ..., A^n) = x Det(A^1, ..., A^j, ..., A^n)$ 이다.

(2) 행렬 A에 있는 두 열이 같으면, 즉 $A^j = A^k$ (j≠k)이면, 행렬식 Det(A)=0 이다.

(3) I가 단위행렬이면 Det(I)=1 이다.

(4) 행렬 A의 j번째 열과 k번째 열을 교환하면 행렬식의 값은 부호만 바뀐다.

(5) 어떤 열의 스칼라 배를 다른 열에 더하여도 행렬식의 값은 변하지 않는다.
  - x가 실수일 때, $Det(A^1, ..., A^j, ..., A^n) = Det(A^1, ..., A^j + xA^k, ..., A^n)$

(6) A의 행렬식의 값은 그 전치행렬의 행렬식의 값과 같다. 즉, $Det(A) = Det(A^T)$

(7) 위에서 서술한 열에 관한 모든 성질은 행에 대하여도 모두 성립한다.

【예제 6.9】 다음 행렬식의 값을 구하라.

$$Det(A) = \begin{vmatrix} 1 & 3 & 1 & 1 \\ 2 & 1 & 5 & 2 \\ 1 & -1 & 2 & 3 \\ 4 & 1 & -3 & 7 \end{vmatrix}$$

▶▶풀이

제3행을 제2행에 더하고 제3행을 제4행에 더하면,

$$\begin{vmatrix} 1 & 3 & 1 & 1 \\ 3 & 0 & 7 & 5 \\ 1 & -1 & 2 & 3 \\ 4 & 1 & -3 & 7 \end{vmatrix} = \begin{vmatrix} 1 & 3 & 1 & 1 \\ 3 & 0 & 7 & 5 \\ 1 & -1 & 2 & 3 \\ 5 & 0 & -1 & 10 \end{vmatrix}$$ 이고, 제3행×3을 제1행에 더해 $$\begin{vmatrix} 4 & 0 & 7 & 10 \\ 3 & 0 & 7 & 5 \\ 1 & -1 & 2 & 3 \\ 5 & 0 & -1 & 10 \end{vmatrix}$$

을 얻는다.

이것을 제2열에 대하여 전개하면 단 하나의 항, 즉 $\begin{vmatrix} 4 & 7 & 10 \\ 3 & 7 & 5 \\ 5 & -1 & 10 \end{vmatrix}$ 을 얻는다.

제2행의 2배를 제1행 및 제3행에서 빼면 $\begin{vmatrix} -2 & -7 & 0 \\ 3 & 7 & 5 \\ -1 & -15 & 0 \end{vmatrix}$ 를 얻는다. 이것을 3열에 의한 전개식으로 구하면, $-5\begin{vmatrix} -2 & -7 \\ -1 & -15 \end{vmatrix} = -5(30-7) = -115$ 이 된다.

6-5 역행렬

역행렬은 6-2절에서 정의하였다. A가 n×n 행렬일 때, 행렬 B가 AB = BA = I (I는 n×n 단위행렬)를 만족시킬 때, B를 A의 역행렬이며 A^{-1}로 쓴다. 역행렬을 구하는 두 가지 방법을 학습한다.

역행렬 구하는 방법 I.

● **수반행렬을 이용한 역행렬 구하는 방법 :**
행렬 A의 역행렬 A^{-1}은 다음과 같이 구할 수 있다.

$$A^{-1} = \frac{1}{Det(A)} adj(A) \quad (단, Det(A) \neq 0 \text{ 일 때})$$

여기서, $adj(A)$는 수반행렬(adjoint matrix)을 나타내며 수반행렬의 정의는 다음과 같다.

> **[정의] 수반행렬(adjoint matrix)**
>
> n×n행렬 $A=[a_{ij}]$에서 각 원소 a_{ij}의 여인수 A_{ij}로 이루어진 행렬의 전치행렬을 수반행렬이라 하고 $adj(A)$로 표시한다.
>
> 즉, $adj(A) = \begin{bmatrix} A_{11} & A_{12} & \cdots & A_{1n} \\ A_{21} & A_{22} & \cdots & A_{2n} \\ \vdots & \vdots & & \vdots \\ A_{n1} & A_{n2} & \cdots & A_{nn} \end{bmatrix}^T = \begin{bmatrix} A_{11} & A_{21} & \cdots & A_{n1} \\ A_{12} & A_{22} & \cdots & A_{n2} \\ \vdots & \vdots & & \vdots \\ A_{1n} & A_{2n} & \cdots & A_{nn} \end{bmatrix}$

【예제 6.10】 행렬 $A = \begin{bmatrix} a & b \\ c & d \end{bmatrix}$의 수반행렬을 구하라.

▶▶풀이

$A_{11} = (-1)^{1+1} \times Det([d]) = d, \quad A_{12} = (-1)^{1+2} \times Det([c]) = -c$

$A_{21} = (-1)^{2+1} \times Det([b]) = -b, \quad A_{22} = (-1)^{2+2} \times Det([a]) = a$

그러므로, 수반행렬은 $adj(A) = \begin{bmatrix} d & -c \\ -b & a \end{bmatrix}^T = \begin{bmatrix} d & -b \\ -c & a \end{bmatrix}$이다.

【예제 6.11】 행렬 $A = \begin{bmatrix} 1 & 2 & -3 \\ 2 & -1 & 4 \\ -1 & 0 & 5 \end{bmatrix}$의 수반행렬과 역행렬을 구하여라.

▶▶풀이

행렬 A에 대한 여인수를 모두 구하면 다음과 같다.

$A_{11} = \begin{vmatrix} -1 & 4 \\ 0 & 5 \end{vmatrix} = -5, \quad A_{12} = -\begin{vmatrix} 2 & 4 \\ -1 & 5 \end{vmatrix} = -14, \quad A_{13} = \begin{vmatrix} 2 & -1 \\ -1 & 0 \end{vmatrix} = -1,$

$A_{21} = -\begin{vmatrix} 2 & -3 \\ 0 & 5 \end{vmatrix} = -10, \quad A_{22} = \begin{vmatrix} 1 & -3 \\ -1 & 5 \end{vmatrix} = 2, \quad A_{23} = -\begin{vmatrix} 1 & 2 \\ -1 & 0 \end{vmatrix} = -2,$

$$A_{31} = \begin{vmatrix} 2 & -3 \\ -1 & 4 \end{vmatrix} = 5, \quad A_{32} = -\begin{vmatrix} 1 & -3 \\ 2 & 4 \end{vmatrix} = -10, \quad A_{33} = \begin{vmatrix} 1 & 2 \\ 2 & -1 \end{vmatrix} = -5$$

$$adj(A) = \begin{bmatrix} -5 & -14 & -1 \\ -10 & 2 & -2 \\ 5 & -10 & -5 \end{bmatrix}^T = \begin{bmatrix} -5 & -10 & 5 \\ -14 & 2 & -10 \\ -1 & -2 & -5 \end{bmatrix}$$

A의 행렬식을 구하기 위해 3행에 의한 전개식을 구하면,

$$Det(A) = a_{31}A_{31} + a_{32}A_{32} + a_{33}A_{33} = -1 \times 5 + 0 \times (-10) + 5 \times (-5) = -5 - 25 = -30$$

$$A^{-1} = \frac{1}{Det(A)} adj(A) = -\frac{1}{30} \times \begin{bmatrix} -5 & -10 & 5 \\ -14 & 2 & -10 \\ -1 & -2 & -5 \end{bmatrix} = \begin{bmatrix} 1/6 & 1/3 & -1/6 \\ 7/15 & -1/15 & 1/3 \\ 1/30 & 1/15 & 1/6 \end{bmatrix}$$

∴ 수반행렬은 $\begin{bmatrix} -5 & -10 & 5 \\ -14 & 2 & -10 \\ -1 & -2 & -5 \end{bmatrix}$ 이며, 역행렬은 $\begin{bmatrix} 1/6 & 1/3 & -1/6 \\ 7/15 & -1/15 & 1/3 \\ 1/30 & 1/15 & 1/6 \end{bmatrix}$ 이다.

역행렬 구하는 방법 II.

● **Gauss-Jordan 소거법** : 역행렬을 구하기 위해, 행렬의 오른쪽에 단위행렬을 배치하여 행렬을 확장시키는 방법이다.

위 예제 6.11에서와 같은 행렬에 대해 가우스 소거법으로 역행렬을 구해보자.

【예제 6.12】 다음 행렬 A의 역행렬 A^{-1}을 구하여라.

$$A = \begin{bmatrix} 1 & 2 & -3 \\ 2 & -1 & 4 \\ -1 & 0 & 5 \end{bmatrix}$$

▶ **풀이**

행렬 A의 오른쪽에 단위행렬을 두고, A를 단위행렬로 바꾸기 위한 행 연산들을 함.

$$\begin{bmatrix} 1 & 2 & -3 & \vdots & 1 & 0 & 0 \\ 2 & -1 & 4 & \vdots & 0 & 1 & 0 \\ -1 & 0 & 5 & \vdots & 0 & 0 & 1 \end{bmatrix}$$

k행을 R_k라고 표기하고, k행에다 j행을 더한 결과를 k행의 새로운 값으로 업데이

트할 때 $R_k := R_k + R_j$ 로 표기한다.

$R_2 := R_2 - 2R_1 \Rightarrow \begin{bmatrix} 1 & 2 & -3 & \vdots & 1 & 0 & 0 \\ 0 & -5 & 10 & \vdots & -2 & 1 & 0 \\ -1 & 0 & 5 & \vdots & 0 & 0 & 1 \end{bmatrix}$

$R_3 := R_3 + R_1 \Rightarrow \begin{bmatrix} 1 & 2 & -3 & \vdots & 1 & 0 & 0 \\ 0 & -5 & 10 & \vdots & -2 & 1 & 0 \\ 0 & 2 & 2 & \vdots & 1 & 0 & 1 \end{bmatrix}$

$R_2 := -1/5 R_2 \Rightarrow \begin{bmatrix} 1 & 2 & -3 & \vdots & 1 & 0 & 0 \\ 0 & 1 & -2 & \vdots & 2/5 & -1/5 & 0 \\ 0 & 2 & 2 & \vdots & 1 & 0 & 1 \end{bmatrix}$

$R_3 := R_3 - 2R_2 \Rightarrow \begin{bmatrix} 1 & 2 & -3 & \vdots & 1 & 0 & 0 \\ 0 & 1 & -2 & \vdots & 2/5 & -1/5 & 0 \\ 0 & 0 & 6 & \vdots & 1/5 & 2/5 & 1 \end{bmatrix}$

$R_3 := 1/6 R_3 \Rightarrow \begin{bmatrix} 1 & 2 & -3 & \vdots & 1 & 0 & 0 \\ 0 & 1 & -2 & \vdots & 2/5 & -1/5 & 0 \\ 0 & 0 & 1 & \vdots & 1/30 & 1/15 & 1/6 \end{bmatrix}$

$R_2 := R_2 + 2R_3 \Rightarrow \begin{bmatrix} 1 & 2 & -3 & \vdots & 1 & 0 & 0 \\ 0 & 1 & 0 & \vdots & 7/15 & -1/15 & 1/3 \\ 0 & 0 & 1 & \vdots & 1/30 & 1/15 & 1/6 \end{bmatrix}$

$R_1 := R_1 - 2R_2 \Rightarrow \begin{bmatrix} 1 & 0 & -3 & \vdots & 1/15 & 2/15 & -2/3 \\ 0 & 1 & 0 & \vdots & 7/15 & -1/15 & 1/3 \\ 0 & 0 & 1 & \vdots & 1/30 & 1/15 & 1/6 \end{bmatrix}$

$R_1 := R_1 + 3R_2 \Rightarrow \begin{bmatrix} 1 & 0 & 0 & \vdots & 1/6 & 1/3 & -1/6 \\ 0 & 1 & 0 & \vdots & 7/15 & -1/15 & 1/3 \\ 0 & 0 & 1 & \vdots & 1/30 & 1/15 & 1/6 \end{bmatrix}$

왼쪽이 단위행렬이 될 때까지 계속 수행하여 단위행렬이 되면, 오른쪽 행렬이 역행렬 A^{-1}이 된다. 즉, 역행렬 $A^{-1} = \begin{bmatrix} 1/6 & 1/3 & -1/6 \\ 7/15 & -1/15 & 1/3 \\ 1/30 & 1/15 & 1/6 \end{bmatrix}$ 으로, 예제 6.11에서 구한 역행렬과 일치된다. 또한, 실제로 A의 역행렬인지를 확인하기 위해서는, $AA^{-1} = 1$이 되는지를 계산해보면 된다.

【예제 6.13】 A의 역행렬을 구하시오. $A = \begin{bmatrix} 2 & -3 & 1 \\ 1 & 1 & -1 \\ 2 & 0 & 1 \end{bmatrix}$

▶▶풀이

행렬 A의 오른쪽에 단위행렬을 두고, A를 단위행렬로 바꾸기 위한 연산을 한다.

$$A = \begin{bmatrix} 2 & -3 & 1 \\ 1 & 1 & -1 \\ 2 & 0 & 1 \end{bmatrix}, I = \begin{bmatrix} 1 & 0 & 0 \\ 0 & 1 & 0 \\ 0 & 0 & 1 \end{bmatrix}$$

R_1과 R_2를 교환 $\Rightarrow \begin{bmatrix} 1 & 1 & -1 \\ 2 & -3 & 1 \\ 2 & 0 & 1 \end{bmatrix}, \begin{bmatrix} 0 & 1 & 0 \\ 1 & 0 & 0 \\ 0 & 0 & 1 \end{bmatrix}$

$R_2 := R_2 - 2R_1$ & $R_3 := R_3 - 2R_1 \Rightarrow \begin{bmatrix} 1 & 1 & -1 \\ 0 & -5 & 3 \\ 0 & -2 & 3 \end{bmatrix}, \begin{bmatrix} 0 & 1 & 0 \\ 1 & -2 & 0 \\ 0 & -2 & 1 \end{bmatrix}$

$R_3 := R_3 - 2/5 R_2 \Rightarrow \begin{bmatrix} 1 & 1 & -1 \\ 0 & -5 & 3 \\ 0 & 0 & \frac{9}{5} \end{bmatrix}, \begin{bmatrix} 0 & 1 & 0 \\ 1 & -2 & 0 \\ -\frac{2}{5} & -\frac{6}{5} & 1 \end{bmatrix}$

$R_2 := R_2 - 5/3 R_3$ & $R_1 := R_2 + 5/9 R_3 \Rightarrow \begin{bmatrix} 1 & 1 & 0 \\ 0 & -5 & 0 \\ 0 & 0 & \frac{9}{5} \end{bmatrix}, \begin{bmatrix} -\frac{2}{9} & \frac{1}{3} & \frac{5}{9} \\ \frac{5}{3} & 0 & -\frac{5}{3} \\ -\frac{2}{5} & -\frac{6}{5} & 1 \end{bmatrix}$

$R_1 := R_1 + 1/5 R_2 \Rightarrow \begin{bmatrix} 1 & 0 & 0 \\ 0 & -5 & 0 \\ 0 & 0 & \frac{9}{5} \end{bmatrix}, \begin{bmatrix} \frac{1}{9} & \frac{1}{3} & \frac{2}{9} \\ \frac{5}{3} & 0 & -\frac{5}{3} \\ -\frac{2}{5} & -\frac{6}{5} & 1 \end{bmatrix}$

$R_2 := -1/5 R_3$ & $R_3 := 5/9 R_3 \Rightarrow \begin{bmatrix} 1 & 0 & 0 \\ 0 & 1 & 0 \\ 0 & 0 & 1 \end{bmatrix}, \begin{bmatrix} \frac{1}{9} & \frac{1}{3} & \frac{2}{9} \\ -\frac{1}{3} & 0 & \frac{1}{3} \\ -\frac{2}{9} & -\frac{2}{3} & \frac{5}{9} \end{bmatrix}$

왼쪽은 단위행렬이 되었으므로, 오른쪽이 역행렬 A^{-1} 이다.

그러므로 $A^{-1} = \begin{bmatrix} \frac{1}{9} & \frac{1}{3} & \frac{2}{9} \\ -\frac{1}{3} & 0 & \frac{1}{3} \\ -\frac{2}{9} & -\frac{2}{3} & \frac{5}{9} \end{bmatrix}$

[6장 연습문제]

1. 다음 행렬들의 계산을 하시오.

    (1) $\begin{bmatrix} 1 & 2 & 1 \\ 2 & 3 & 4 \end{bmatrix} + \begin{bmatrix} 3 & 0 & -1 \\ 2 & 1 & -2 \end{bmatrix}$ (2) $\begin{bmatrix} 1 & 2 \\ 3 & 4 \end{bmatrix} - \begin{bmatrix} 2 & 0 \\ 0 & 1 \end{bmatrix}$

2. 행렬 $A = \begin{pmatrix} 3 & -2 & 7 \\ 6 & 5 & 4 \\ 0 & 4 & 9 \end{pmatrix}$, $B = \begin{pmatrix} 6 & -2 & 4 \\ 0 & 1 & 3 \\ 7 & 7 & 4 \end{pmatrix}$일 때, 행렬의 곱 AB와 BA를 구하라.

3. 행렬 $A = \begin{pmatrix} 3 & 0 \\ -1 & 4 \end{pmatrix}$, $B = \begin{pmatrix} 7 & 8 \\ 4 & 3 \end{pmatrix}$일 때, |AB|와 |BA|를 구하시오.

4. 행렬 $A = \begin{bmatrix} 2 & 1 & -1 \\ 3 & -2 & 2 \\ 0 & 1 & -3 \end{bmatrix}$ 일 때, 다음 물음에 답하시오.

   (1) 소행렬 M_{11}, M_{21}, M_{31} 을 구하시오.
   (2) 여인수 A_{11}, A_{21}, A_{31} 을 구하시오.
   (3) 1열에 의한 전개식으로 Det(A)를 구하는 식을 쓰고 행렬식 값을 구하시오.

5. 다음 행렬 A의 행렬식 det(A)를 구하라.

    (1) $A = \begin{pmatrix} 3 & 1 & 4 \\ 2 & 0 & 3 \\ 1 & -1 & 2 \end{pmatrix}$ (2) $A = \begin{pmatrix} 2 & 1 & 0 & -3 \\ -1 & 2 & 3 & 1 \\ -3 & 2 & -1 & 0 \\ 2 & -3 & -2 & 1 \end{pmatrix}$

6. 다음 행렬식의 값을 구하라.

$$\begin{vmatrix} 2 & 1 & 0 & -1 \\ 1 & 1 & 3 & 2 \\ 1 & -1 & 2 & 3 \\ -1 & 1 & -3 & 4 \end{vmatrix}$$

7. 다음 행렬의 역행렬이 존재하는지 답하고, 존재한다면 역행렬을 구하라.

    (1) $A = \begin{pmatrix} 1 & 2 \\ 4 & 5 \end{pmatrix}$ (2) $B = \begin{pmatrix} 1 & 2 & 3 \\ 4 & 5 & 6 \\ 7 & 8 & 10 \end{pmatrix}$ (3) $C = \begin{pmatrix} 3 & 4 & -2 \\ 2 & 3 & 2 \\ 4 & 5 & -6 \end{pmatrix}$

8. 행렬 $A=\begin{pmatrix} 1 & 0 \\ 5 & 3 \end{pmatrix}$, $B=\begin{pmatrix} 2 & 5 \\ 1 & 3 \end{pmatrix}$일 때, A^{-1}, B^{-1}, $(AB)^{-1}$을 구하시오.

9. 다음 행렬 A의 수반행렬과 역행렬을 구하여라.

(1) $A=\begin{pmatrix} 1 & -1 & 2 \\ 2 & 1 & -3 \\ 4 & 1 & 1 \end{pmatrix}$
(2) $A=\begin{pmatrix} 2 & 1 & 3 \\ -1 & 2 & 0 \\ 3 & -2 & 1 \end{pmatrix}$

7장 관계

관계(relations)는 일상생활에서 많이 사용한다. 'x는 y의 언니이다.'라고 하면 x와 y는 어떤 관계(가족 관계)에 있으며, 'x는 y보다 크다.'라고 하면 x와 y는 또 다른 어떤 관계(대소 관계)에 있다는 것이다. 다시 말해서, 관계란 원소와 원소 사이에서 이루어지는 연결 같은 것이다. 두 집합에 있는 각 원소와 원소들 사이의 관계를 이항관계(binary relations)라고 하며, 세 집합에 있는 원소와 원소 사이의 관계를 삼항 관계(ternary relations)라고 한다.

관계는 컴퓨터 이론뿐 아니라 그 응용에 있어서도 매우 중요한다. 관계의 응용 중 대표적인 하나는 페이스 북과 같은 소셜 네트워크 서비스에서 사람들과의 관계를 이용하여 친구 추천이나 공통적인 어떤 성질을 가진 그룹 등 여러 정보들을 뽑아내어 활용하는 것이다. 관계를 표현하기 위해 9장에서 다루는 그래프를 많이 사용한다. 관계의 특수한 경우인 함수 관계는 다음 장인 8장에서 학습한다.

7-1 이항관계

이항관계란?

두 집합 A, B에 대하여 A에서 B로 가는 관계를 이항관계(binary relations)라고 한다. 이항관계 R은 두 집합 A, B의 곱집합인 A×B의 부분 집합들이다. A×B의 원소인 순서쌍 (a, b)가 주어졌을 때, (a, b)∈R이면 a는 b와 관계R에 있다고 하며, aRb로 표시한다. 또한 순서쌍 (a, b)∉R이면 a는 b와 R관계가 없다.

예를 들어 A={a, b}, B={x, y, z}라고 할 때 곱집합 A×B = { (a, x), (a, y), (a, z), (b, x), (a, y), (a, z) }가 된다. 만일 관계 R= {(a, x), (b, x)}로 정의한다고 하자. 그러면 (a, x)∈R이므로 a는 b와 R 관계에 있다. 반면 (a, y)∉R 이므로 a는 y와 R 관계가 없으며, (a, z)∉R 이므로 a는 z와 R 관계가 없다.

관계 R의 정의역(Domain)은 R에 있는 원소들 즉, 순서쌍들에서 모든 첫 번째 원소의 집합이며, 치역(Range)은 R에 있는 원소들 즉, 순서쌍들에서 모든 두 번째 원소의 집합이다.

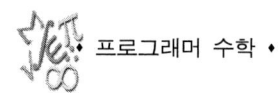

> 집합 A에서 B로 가는 이항관계 R에 대해,
> - **정의역(Domain)** : Dom(R) = { a | a∈A, b∈B, (a, b)∈ R } ⊆ A
> - **치역(Range)** : Ran(R) = { b | a∈A, b∈B, (a, b)∈ R } ⊆ B
> - **공변역(Codomain)** : Codom(R) = { b | b∈B } = B

두 집합 A={1, 2}, B={1, 2, 3}에 대한 이항관계 R= {(1, 1), (1, 2), (1, 3), (2, 1), (2, 2), (2, 3)}이라면, 원소들은 다음과 같이 표현한다.

   (1, 1) ∈ R,   (1, 3) ∈ R,   (3, 1) ∉ R,   (2, 3) ∈ R,   (3, 2) ∉ R,   (3, 3) ∉ R

● **역관계(inverse relation)**: 집합 A에서 B로 가는 관계 R에 대한 역관계 R^{-1}은 순서쌍 (a, b)∈R 일 때, (b, a)∈R^{-1} 이다.

> 집합 A에서 B로 가는 관계 R에 대해, **역관계 R^{-1}** = { (b, a) | (a, b)∈R }

【문제 1】 집합 X = { 프수, 컴구 }, 집합 Y = { 이주영, 유견아, 이경미 }라고 하자.
 (1) X에서 Y로 가는 관계의 가능한 원소가 될 수 있는 모든 순서쌍을 구하라.
 (2) X에서 Y로 가는 관계 T = {(프수, 이주영), (컴구, 유견아)}일 때, 정의역, 치역, 공변역을 구하라.
 (3) 역관계 T^{-1}을 구하라.

7-2 관계의 표현 (Representation of Relations)

집합의 원소들 사이에서 어떤 관계가 있는 경우, 7-1절에서 나타낸 것과 같이 순서쌍을 나열하는 방식 외에도 집합의 원소들 사이의 관계를 도식화하는 방법으로 화살표 도표 (arrow diagrams), 좌표 도표(coordinate diagram), 방향 그래프(directed graph), 관계 행렬(relation matrix) 등이 있다.

1) 화살표 도표

● **화살표 도표(arrow diagrams)** : a∈A, b∈B이고 (a, b)∈R일 경우, 집합 A에 있는 원소 a에서 집합 B의 원소 b로 화살표를 그려서 관계를 표현한다.

【예제 7.1】 집합 A = {1, 2, 3, 4}, 집합 B = {a, b, c}라 하고 그들 사이의 관계 R = {(1, a), (2, c), (3, a), (4, b), (4, c)}일 경우, 관계 R을 화살표 도표로 나타내어라.
▶▶풀이

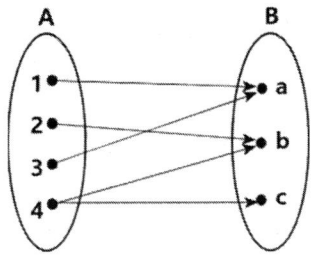

2) 좌표 도표

● **좌표 도표(coordinate diagram)** : a∈A, b∈B이고 (a, b)∈R일 경우 집합 A의 원소 a를 x축의 값으로 생각하고 집합 B의 원소 b를 y축의 값으로 생각하여 a와 b가 만나는 곳에 점으로 표시한다.

【예제 7.2】 A = {1, 2, 3, 4, 5}, B = {2, 3, 4}이고, 집합 A에서 집합 B로의 관계 R = {(1, 2), (1, 4), (2, 3), (4, 2), (4, 4), (5, 2), (5, 3)}일 때, 관계 R을 좌표 도표를 이용하여 표시하여라.
▶▶풀이

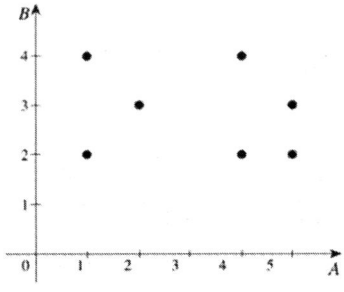

3) 방향 그래프

● **방향 그래프(directed graph)** : 관계 R이 두 집합 A, B사이의 관계가 아니라, **하나의 집합에 대한 관계** (즉, A에서 A로의 관계)일 때 방향 그래프로서 나타낸다. 집합 A의 각 원소를 그래프의 정점(vertex 또는 노드)으로 표시하고, (a, b)∈R일 경우 a에서 b로 화살표가 있는 연결선(edge)을 그어서 관계를 표현한다.

【예제 7.3】 집합 A = {1, 2, 3, 4, 5}이고, 관계 R = {(a, b) | a<b-1, a,b∈A} 이라고 할 때, 관계 R에 대한 방향 그래프를 그려라.
▶▶풀이

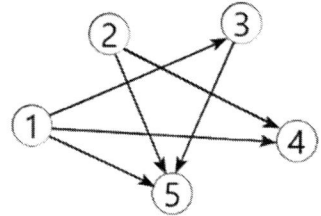

4) 관계 행렬

관계 행렬(relation matrix)은 컴퓨터 프로그램에서 관계를 표현할 때 사용되는 방법이다. 행렬에 있는 모든 요소 값이 0 혹은 1인 행렬을 부울(boolean) 행렬이라 하는데, 이 부울 행렬을 이용하여 관계를 나타낸다. 즉, 관계 행렬의 행(row)에는 집합 A의 원소를, 열(column)에는 집합 B의 원소를 나타낸다. 행렬의 요소의 값은 a∈A, b∈B이고 (a, b)∈R일 경우에는 1로, (a, b)∉R일 경우 0으로 한다.

● **관계 행렬(relation matrix)** : 두 집합 A={a_1, a_2, ..., a_m}, B={b_1, b_2, ..., b_n}일 때, A에서 B로 가는 관계 R의 관계 행렬은 m×n행렬이며 각 요소 $M[i,j]$ 값은 다음과 같다. (여기서, 1≤i≤m, 1≤j≤n)

$$M[i,j] = \begin{cases} 0 & \text{if } (a_i, a_j) \in R \\ 1 & \text{if } (a_i, a_j) \notin R \end{cases}$$

【예제 7.4】 집합 A= {1, 2, 3}이고, B= {2, 4, 6}에 대한 관계 R = {(1, 2), (1, 4), (2, 2), (3, 4), (3, 6)}이다. 관계 R을 관계 행렬로 표현하여라.
▶▶풀이
A의 원소가 3개 이고 B의 원소가 3개이므로 관계 행렬은 3×3의 행렬로 나타낸다.

먼저, 순서쌍 (1, 2)∈R이므로 A에 있는 원소 1은 B에 있는 원소 2와 R관계가 있다. 따라서, A의 원소 1은 1행, B의 원소 2은 1열에 해당하므로 관계행렬의 1행1열의 요소 값은 1이 된다. 마찬가지로 (1, 4)∈R이므로 A의 원소 1은 1행, B의 원소 4는 2열에 해당하므로 관계행렬의 1행2열의 요소 값은 1이 된다. 그러나, (1, 6)∉R이므로 A에 있는 원소 1은 B에 있는 원소 6과 R 관계가 없다. 따라서 A의 원소 1은 1행, B의 원소 6는 3열에 해당하여 관계행렬의 1행3열의 요소 값은 0이 되는 것이다. 이와 같이 나머지 순서쌍에 대해서도 동일하게 반복하여 다음과 같은 관계 행렬을 구한다.

$$R = \begin{matrix} & 2 & 4 & 6 \\ 1 & \\ 2 & \\ 3 & \end{matrix} \begin{pmatrix} 1 & 1 & 0 \\ 1 & 0 & 0 \\ 0 & 1 & 1 \end{pmatrix}$$

7-3 합성 관계

합성관계(Composite Relation)

> 세 집합 A, B, C에서 R_1은 집합 A에서 집합 B로의 관계이고, R_2는 집합 B에서 집합 C로의 관계라고 하면, 집합 A에서 집합 C로의 합성 관계 $R_2 \circ R_1$ (또는 R_2R_1)은 다음과 같이 정의된다.
>
> $R_2 \circ R_1$ = { (a, c) | a∈A, b∈B, c∈C, (a, b)∈R_1이고 (b, c)∈R_2 }

집합 A에서 B로의 관계 R_1과 집합 B에서 C로의 관계 R_2로부터, 새로운 관계인 집합 A에서 C로의 합성 관계를 만들 수 있다. 간혹 합성 관계를 나타낼 때 관계의 순서를 바꾸어 $R_1 \cdot R_2$로 표시하는 책들도 간혹 있으나 권장하지 않으므로 반드시 $R_2 \cdot R_1$로 표시하도록 한다.

합성 관계는 합성 함수와 비슷하게 생각하면 된다. 가령, f∘g∘h(x)와 같은 합성함수의 식을 구할 때, 뒤에서부터 거꾸로 연산한다. f 함수보다 먼저 g∘h(x)를 먼저 해결하는 것과 같이, g∘h(x)의 경우도 g 함수보다 먼저 h(x) 함수를 연산한다. 함수의 합성과 마찬가지로, 관계의 합성에서도 $R_2 \circ R_1$의 경우에 R_1 관계를 먼저 하고 그 다음 R_2 관계를 해야 한다.

【예제 7.5】 집합 A={1, 2, 3, 4}, B ={a, b, c}, C={x, y}이고, 집합 A에서 집합 B로의 관계를 R, 집합 B에서 집합 C로의 관계를 S라 한다. R과 S가 다음과 같을 때 합성관계 S∘R을 화살표 도표를 사용하여 나타내어라.

R = {(1, a), (1, b), (2, b), (3, a), (4, b), (4, c)}
S = {(a, x), (b, y), (c, x)}

▶▶풀이

S∘R = { (1, x), (1, y), (2, y), (3, x), (4, y), (4, x) }

【예제 7.6】 집합 A={1, 2, 3, 4}, B ={a, b, c, d}, C={x, y, z}이고, 집합 A에서 집합 B로의 관계를 R, 집합 B에서 집합 C로의 관계를 S라 한다. R과 S가 다음과 같을 때 합성관계 S∘R을 화살표 도표를 사용하여 나타내어라.

R = {(1, a), (2, d), (3, a), (3, b), (3, d)}
S = {(a, x), (b, x), (b, z), (d, z)}

▶▶풀이

S∘R = { (1, x), (2, z), (3, x), (3, z) }

【예제 7.7】 관계 R과 S에 대한 관계행렬이 다음과 같을 때 합성관계 S∘R을 관계행렬로 나타내어라.

$$R = \begin{bmatrix} 1 & 0 & 1 \\ 0 & 1 & 0 \end{bmatrix}, \quad S = \begin{bmatrix} 1 & 1 \\ 1 & 0 \\ 0 & 0 \end{bmatrix}$$

▶▶풀이

$$S\circ R = \begin{bmatrix} 1 & 0 & 1 \\ 0 & 1 & 0 \end{bmatrix} \odot \begin{bmatrix} 1 & 1 \\ 1 & 0 \\ 0 & 0 \end{bmatrix} = \begin{bmatrix} (1\wedge1)\vee(0\wedge1)\vee(1\wedge0) & (1\wedge1)\vee(0\wedge0)\vee(1\wedge0) \\ (0\wedge1)\vee(1\wedge1)\vee(0\wedge0) & (0\wedge0)\vee(1\wedge0)\vee(0\wedge0) \end{bmatrix} = \begin{bmatrix} 1 & 1 \\ 1 & 0 \end{bmatrix}$$

● **R^n의 정의** : n≥1일 때 거듭제곱 R^n은 다음과 같이 정의한다.

$$R^n = \begin{cases} R & \text{if } n = 1 \\ R^{n-1} \circ R & \text{if } n > 1 \end{cases}$$

【예제 7.8】 집합 A={1, 2, 3}에서의 관계 R={(1, 2), (2, 2), (3, 1), (3, 3)}이다. 이때 관계행렬을 사용하여 R^2, R^3을 구하여라. (R^2, R^3도 관계행렬로 표현할 것)

▶▶풀이

관계행렬 R, R^2, R^3는 각각 다음과 같다.
$$R = \begin{bmatrix} 0 & 1 & 0 \\ 0 & 1 & 0 \\ 1 & 0 & 1 \end{bmatrix}, \quad R^2 = R \circ R = \begin{bmatrix} 0 & 1 & 0 \\ 0 & 1 & 0 \\ 1 & 0 & 1 \end{bmatrix} \odot \begin{bmatrix} 0 & 1 & 0 \\ 0 & 1 & 0 \\ 1 & 0 & 1 \end{bmatrix} = \begin{bmatrix} 0 & 1 & 0 \\ 0 & 1 & 0 \\ 1 & 1 & 1 \end{bmatrix}$$

$$R^3 = R^2 \circ R = \begin{bmatrix} 0 & 1 & 0 \\ 0 & 1 & 0 \\ 1 & 1 & 1 \end{bmatrix} \odot \begin{bmatrix} 0 & 1 & 0 \\ 0 & 1 & 0 \\ 1 & 0 & 1 \end{bmatrix} = \begin{bmatrix} 0 & 1 & 0 \\ 0 & 1 & 0 \\ 1 & 1 & 1 \end{bmatrix}$$

R^2, R^3에 대해 순서쌍으로 나타내면, $R^3 = R^2 =$ {(1,2), (2,2), (3,1), (3,2), (3,3)}.

【예제 7.9】 집합 A = {1, 2, 3, 4}에 대한 관계 R이 R = {(1, 2), (1, 4), (2, 1), (2, 3), (3, 4), (4, 1)} 일 때 R^2와 R^3는?

▶▶풀이

관계 R에 대한 방향 그래프를 그리면 다음과 같다.

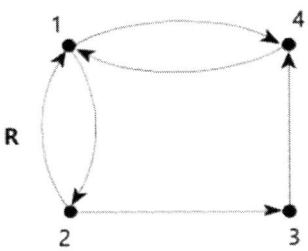

R^2은 위와 같은 방향그래프를 통해 구할 수 있는데 각 정점에서 길이가 2인 경로를 갖는 정점을 찾아서 화살표 연결선으로 이어주면 된다. R^3도 각 정점에서 길이가 3인 경로를 갖는 정점을 찾아서 화살표 연결선으로 이어주면 된다.

R^2 = (1, 1), (1, 3), (2, 2), (2, 4), (3, 1) (4, 2), (4, 4)
R^3 = (1, 2), (1, 4), (2, 1), (2, 3), (3, 2), (3, 4), (4, 1),(4, 3)

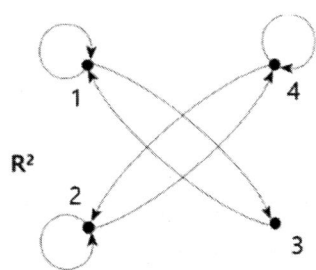
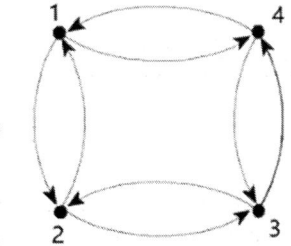

> **정리 7.1** 집합 A에 대한 관계를 R이라 하면 다음이 성립한다.
>
> (1) $R^x \circ R^y = R^{x+y}$
> (2) $(R^x)^y = R^{xy}$, $x, y \in N$

> **정리 7.2** 집합 A, B, C, D에서 R이 A에서 B로의 관계, S가 B에서 C로의 관계, 그리고 T가 C에서 D로의 관계를 나타낼 때 다음 두 식이 성립한다.
>
> (1) $T \circ (S \circ R) = (T \circ S) \circ R$
> (2) $(S \circ R)^{-1} = R^{-1} \circ S^{-1}$

정리 7.2의 (2)번 $(S \circ R)^{-1} = R^{-1} \circ S^{-1}$을 살펴보자. 합성관계 $S \circ R$은 집합 A에서 C로의 관계이며, 그의 역관계인 $(S \circ R)^{-1}$은 C에서 A로의 관계이다. 따라서, C에서 A로의 관계는 C에서 B로의 관계(즉, S^{-1})와 B에서 A로의 관계(즉, R^{-1})가 합성된 것과 같으므로, $R^{-1} \circ S^{-1}$로 표현된다.

항등관계

- **항등관계(Identity relation), I_A** : 집합 A에 대한 항등관계 $I_A = \{ (a, a) \mid a \in A \}$이다.

집합 A={1, 2}, 집합 B={3, 4, 5}일 때, A에 대한 항등관계 I_A={(1,1), (2,2)}이고, B에 대한 항등관계 I_B={(3,3), (4,4), (5,5)}이다.

> 집합 A에 대한 항등관계 I_A, 집합 B에 대한 항등관계 I_B, 집합 A에서 B로의 관계를 R이라고 할 때 다음과 같은 식이 성립한다.
> $I_B \circ R = R \circ I_A = R$

【예제 7.10】 A={1, 2, 3, 4}, B={1, 2, 3}이고, 집합 A에서 B로의 관계 R과 집합 B에서 A로의 관계 S는 다음과 같을 때 물음에 답하라.
   R = {(1, 2), (1, 3), (2, 2), (3, 1), (4, 2)}
   S = {(1, 4), (2, 3), (3, 4)}
   (1) I_A (2) I_B
   (3) $I_A \circ R$ (4) $S \circ R$

(5) $(S \circ R)^{-1}$ (6) $R \circ (S \circ R)$

▶▶풀이

(1) I_A = {(1, 1), (2, 2), (3, 3), (4, 4)}
(2) I_B = {(1, 1), (2, 2), (3, 3)}
(3) $I_A \circ R$ = R = {(1, 2), (1, 3), (2, 2), (3, 1), (4, 2)}
(4) $S \circ R$ = {(1, 3), (1, 4), (2, 3), (3, 4), (4, 3)}
(5) $(S \circ R)^{-1}$ = {(3, 1), (3, 2), (3, 4), (4, 1), (4, 3)}
(6) $R \circ (S \circ R)$ = {(1, 1), (1, 2), (2, 1), (3, 2), (4, 1)}

7-4 관계의 성질

관계의 성질

● 반사 관계 (Reflexive relation)

> 집합 A에 있는 **모든 원소 x에 대하여** xRx이면, 즉 (x, x)∈R이면 관계 R을 반사 관계라고 한다.

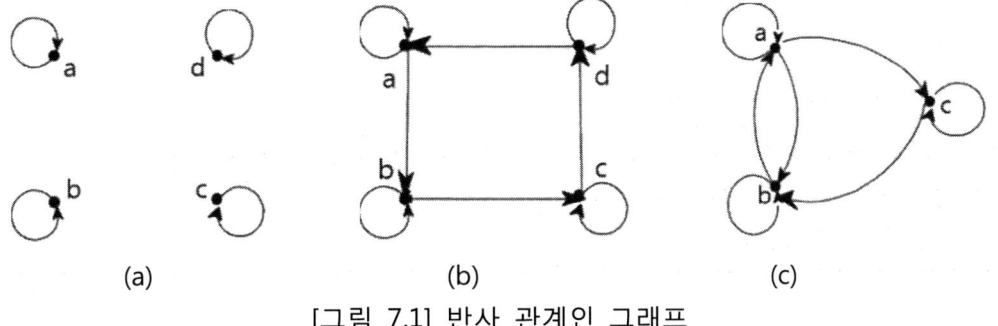

(a)   (b)   (c)

[그림 7.1] 반사 관계인 그래프

● 비반사 관계 (Irreflexive relation)

> 집합 A의 모든 원소 a∈A에 대하여 (a, a)∉R인 관계이다.
> (※ 반사관계가 아니라고 해서 비반사 관계가 되는 것은 아님에 유의할 것)

【예제 7.11】 A = {a, b, c}이고 관계 R_1과 R_2가 다음과 같을 때, 이 관계가 반사 관계인지 비반사 관계인지를 답하라.
(1) R_1 = {(a, b), (a, c), (b, a), (c, a), (c, b)}
(2) R_2 = {(a, b), (b, a), (b, b), (c, c)}

▶▶풀이
(1) R_1은 (a,a), (b,b), 혹은 (c,c)의 순서쌍이 포함되어 있지 않으므로 비반사 관계이다.
(2) R_2는 (b, b)와 (c, c)가 포함되어 있으나 (a, a)가 포함되어 있지 않으므로, 반사 관계도 비반사 관계도 아니다.

● 대칭 관계 (Symmetric relation)

집합 A에 있는 원소 x, y에 대해, (x, y)∈ R일 때 (y, x)∈ R인 관계이다.

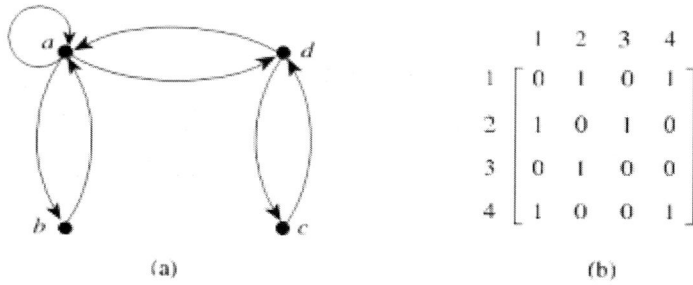

[그림 7.2] 대칭관계인 방향 그래프와 행렬

방향 그래프에서는 노드 a와 b 사이에 화살표가 있는 연결선이 양쪽 방향으로 모두 있는지 확인해보고 있다면 대칭 관계이다. 행렬에서는 대각선을 중심으로 대칭을 확인하여 대칭이라면 대칭 관계인 것이다.

【예제 7.12】 x, y가 자연수의 집합 N의 원소일 때 다음의 관계들이 대칭 관계인지 아닌지를 구별하여라.
(1) R_1 = {(x, y) | x, y ∈ N, x + y = 20}
(2) R_2 = {(x, y) | x, y ∈ N, x ≤ y}
(3) R_3 = {(x, y) | x, y ∈ N, x = y}

▶▶풀이
(1) O   (2) X   ∵ 반례를 들면, (2, 5)∈R_2 그러나, (5, 2)∉R_2 (3) O

● 반대칭 관계 (Antisymmetric relation)

> 집합 A에 있는 원소 x, y에 대해, (x, y)∈ R이고 (y, x)∈ R 이라면, x = y이다.
> 즉, 모든 원소 x, y (x ≠ y)에 대하여 (x, y)∈R이면 (y, x)∉R인 관계를 만족하면, 관계 R을 반대칭 관계라고 한다.

【예제 7.13】 다음의 관계들이 반대칭 관계인가?
(1) R_1 = {(1, 2), (2, 2), (2, 3), (3, 1), (3, 4), (4, 4)}
(2) R_2 = {(1, 1), (1, 3), (2, 3), (3, 1), (3, 3), (4, 1)}
(3) R_3 = {(a, b) | a∈N, b∈N, a ≤ b}

▶▶풀이
(1) 모든 a, b에 대해 a ≠ b 일 때, (a ,b)∈R1 이면, (b, a)∉R_1이므로, 반대칭이다
(2) 1≠3인 1과 3에 대해 (1, 3)∈R_2 이고, (3, 1)∈R_2이다. ∴ 반대칭 관계가 아니다.
(3) a≠b인 모든 a, b에 대해, (a, b)∈R_3이면 즉, a<b이면, b≮a이다. 즉 (a, b)∈R_3이면 (b, a)∉R_3이다. ∴반대칭 관계이다.

● 추이관계(Ttransitive relation)

> 집합 A에 있는 원소 x, y, z에 대해, (x, y)∈R & (y, z)∈R 이면, (x, z)∈R 인 관계를 만족하면 관계 R을 추이 관계라고 한다.

【예제 7.14】 다음 방향 그래프로 표현된 관계들 중 추이 관계가 아닌 것을 답하라.

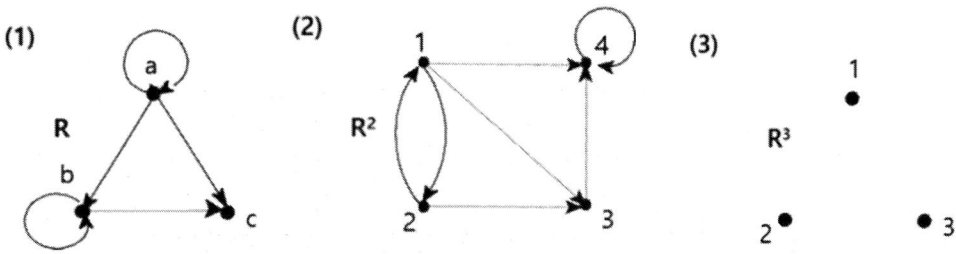

▶▶풀이
(2)는 추이관계 아니다. (2,3)∈R_2 & (3,4)∈R_2인데 (2,4)∉R_2이므로, 추이관계 아니다. 여기서, (c)는 조금 애매할 수 있다. 일반적으로 추이 관계라고 정의하는 경우가 대다수이므로, 이 책에서도 추이 관계라고 정의한다.

【예제 7.15】 집합 A={1, 2, 3, 4}일 때 다음의 관계들이 반사, 대칭, 반대칭, 추이 관계인지를 답하라.
 (1) R1 = {(1, 1), (1, 2), (2, 1), (2, 4), (4, 2)}
 (2) R2 = {(1, 1), (1, 2), (2, 1), (2, 2), (3, 3), (4, 4)}
 (3) R3   (4) R4

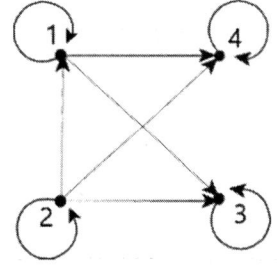

	1	2	3	4
1	1	1	0	0
2	1	1	0	0
3	0	0	1	1
4	0	0	1	1

▶▶풀이
 (1) 대칭관계   (2) 반사, 대칭관계, 추이관계   (3) 반사, 반대칭, 추이관계   (4) 반사, 대칭, 추이관계

【예제 7.16】 모든 실수 x, y에 대해, 이항관계 S는 다음과 같다.
        S = {(x, y) | x, y는 실수이며, x = y }
 (1) S는 반사관계인가?
 (2) S는 대칭관계인가?

(3) S는 추이관계인가?

▶▶풀이
(1) yes. 모든 실수 x에 대해 x=x이다. 즉, (x, x)∈S이므로 반사관계이다.
(2) yes. 모든 실수 x, y에 대해 (x, y)∈S이면 x=y이고, y=x이다. y=x이므로 (y, x)∈S 이다. 즉, 모든 실수 x, y에 대하여 (x, y)∈R일 때 (y, x)∈R가 되므로 대칭 관계이다.
(3) yes. 모든 실수 x, y, z에 대하여, (x, y)∈S & (y, z)∈S이면 x=y & y=z이다. x=y=z이므로 x=z가 된다. 즉, (x, z)∈S 이다. 그러므로 추이 관계이다.

【예제 7.17】 모든 실수 x, y에 대해, 이항관계 S는 다음과 같다.
$$S = \{(x, y) \mid x, y는 실수이며, x < y \}$$
(1) S는 반사관계인가?
(2) S는 대칭관계인가?
(3) S는 추이관계인가?

▶▶풀이
(1) no. 모든 실수 x에 대하여 x ≮ x이다. 즉, 모든 실수 x에 대해, (x, x)∉S이므로 반사관계가 아니다.
(2) no. 모든 실수 x, y에 대하여 (x, y)∈S이면 x < y 이고, y ≮ x이다. y ≮ x이므로 (y, x)∉S 이다. 즉, 모든 실수 x, y에 대하여 (x, y)∈ R일 때 (y, x)∉ R이다. 그러므로 대칭 관계가 아니다.
(3) yes. 모든 실수 x, y, z에 대하여, (x, y)∈S & (y, z)∈S이면 x<y & y<z이다. x<y<z이므로 x<z가 된다. 즉, (x, z)∈S 이다. 그러므로 추이 관계이다.

추이 클로우저

관계 R의 추이 클로우저(transitive closure) $R^* = \bigcup_{n=1}^{\infty} R^n = R^1 \cup R^2 \cup R^3 \cup \ldots$은 다음을 만족한다. (여기서, R^1은 관계 R이다)

(1) R^* is transitive.
(2) R ⊆ R^*
(3) If S is any other transitive relation that contains R, then R^*⊆ S.

추이 클로우저 R^*를 구하는 과정에서 발생하는 새로운 순서쌍도 추이 클로우저가 되어야 한다. 예로, 집합 A={1, 2, 3}에 대한 관계 R ={(1,3), (2,1), (3,2)}이라 두자. (2,1)∈R

이고 (1,3)∈R이므로 순서쌍 (2,3)도 R*에 포함되어야 한다. 또한, (2,3)∈R이고 (3,2)∈R 이므로 순서쌍 (2,3)도 포함되어야 하며, (3,2)∈R이고 (2,3)∈R이므로 순서쌍 (3,3)도 포함되어야 한다. 이런 방식으로 더 이상 추가될 새로운 순서쌍이 없을 때까지 계속한다.

【예제 7.18】 집합 A={0, 1, 2, 3}이고 A에 대한 관계 R={(0,1), (1,2), (2,3)}이다. R의 추이 클로우저를 구하라.

▶▶풀이

R^2 = {(0, 2), (1, 3)} $R^3 = R^2 \circ R$ = {(0, 3)}
$R^4 = R^3 \circ R$ = ∅ $R^5 = R^4 \circ R$ = ∅
$R^5 = R^6 = R^7$ = ... = ∅
$R^* = R^1 \cup R^2 \cup R^3 \cup R^4 \cup R^5 \cup$... 이므로,
R^* = {(0, 1), (0, 2), (0, 3), (1, 2), (1, 3), (2, 3)}

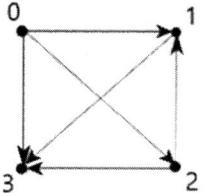

【예제 7.19】 집합 A ={1, 2, 3, 4}에 대한 관계 R = {(1,1), (1,2), (2,1), (2,3), (3,4)}일 때 추이 클로우저 R*를 구하여라.

▶▶풀이

R^2 = {(1, 1), (1, 2), (1, 3), (2, 1), (2, 2), (2, 4)}
$R^3 = R^2 \circ R$ = {(1, 1), (1, 2), (1, 3), (1, 4), (2, 1), (2, 2), (2, 3)}
$R^4 = R^3 \circ R$ = {(1, 1), (1, 2), (1, 3), (1, 4), (2, 1), (2, 2), (2, 3), (2, 4)}
$R^5 = R^6 = R^7$ ... = {(1, 1), (1, 2), (1, 3), (1, 4), (2, 1), (2, 2), (2, 3), (2, 4)}
$R^* = R^1 \cup R^2 \cup R^3 \cup$... = {(1, 1), (1, 2), (1, 3), (1, 4), (2, 1), (2, 2), (2, 3), (2, 4), (3, 4)}

7-5 동치 관계와 분할

동치 관계(equivalent relation)

관계 R이 반사적, 대칭적, 추이적일 때 이를 **동치 관계**라고 한다.

【예제 7.20】 집합 A={1, 2, 3}, 관계 R={(1, 1), (1, 2), (1, 3), (2, 1), (2, 2), (2, 3), (3, 1), (3, 2), (3, 3)}이다. R이 동치 관계인지를 답하라.

▶ ▶풀이

R이 동치관계임을 알기 위해서는 반사적, 대칭적, 추이적인 걸 확인해야 한다.
- 반사적 : (1,1),(2,2),(3,3)이 관계에 있으므로 반사관계를 만족한다.
- 대칭적 : (1,2)∈R인데 (2,1)∈R이고, (1,3)∈R인데 (3,1)∈R이고, (2,3)∈R인데 (3,2)∈R이므로 대칭관계를 만족한다.
- 추이적 :

   (1,2)∈R & (2,1)∈R인데 (1,1)∈R이고,   (1,2)∈R & (2,3)∈R인데 (1,3)∈R이고,
   (1,3)∈R & (3,1)∈R인데 (1,1)∈R이고,   (1,3)∈R & (3,2)∈R인데 (1,2)∈R이고,
   (2,1)∈R & (1,2)∈R인데 (2,2)∈R이고,   (2,1)∈R & (1,3)∈R인데 (2,3)∈R이고,
   (2,3)∈R & (3,1)∈R인데 (2,1)∈R이고,   (2,3)∈R & (3,2)∈R인데 (2,2)∈R이고,
   (3,1)∈R & (1,2)∈R인데 (3,2)∈R이고,   (3,1)∈R & (1,3)∈R인데 (3,3)∈R이고,
   (3,2)∈R & (2,1)∈R인데 (3,1)∈R이고,   (3,2)∈R & (2,3)∈R인데 (3,3)∈R이므로
        추이관계를 모두 만족한다.
∴ 관계 R이 반사, 대칭, 추이관계를 만족하므로 동치관계이다.

【예제 7.21】 집합 S = {1, 2, 3, 4, 5, 6}이고 R = {(x, y)∈ S×S | x - y는 2로 나누어진다}일 때, 관계 R이 동치 관계임을 보여라.

▶ ▶풀이

R이 동치 관계임을 알기 위해서는 반사적, 대칭적, 추이적인 것을 확인해야 한다.
- 반사적 : 모든 x ∈S에 대해, x-x=0이므로 0은 2로 나뉜다. 따라서 (x, x)∈R 이므로 반사관계이다.
- 대칭적 : if (x, y)∈R이면 x-y가 2로 나뉜다는 뜻이다. 즉, x-y= 2k (k는 정수)로 표현할 수 있다. y-x= -(x-y)= -2k = 2×(-k)이므로 2로 나누어지고, (y, x)∈R이다. 따라서 (x, y)∈R이면 (y, x)∈R이다. 따라서 대칭관계이다.
- 추이적 : if (x, y)∈R이고 (y,x)∈R이라고 하자. 그러면 x-y=2k(k는 정수), y-z=2t(t는 정수)로 나타낼 수 있다. 두 식의 우변과 좌변을 각각 더하면 (x-y)+(y-z) = 2k+2t가 된다. 식을 정리하면 x-z = 2(k+z)가 되어 x-z는 2의 배수이므로 2로 나누어진다. 따라서 (x, y)∈R이고 (y,x)∈R이면 (x, z)∈R가 되므로 추이관계가 성립한다.
∴ 관계 R이 반사, 대칭, 추이관계를 만족하므로 동치관계이다.

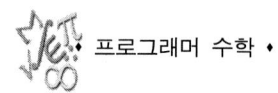

동치류와 몫집합

- **동치류(Equivalence Classes)**

  집합 A에 대한 <u>동치관계</u>를 R이라 하면, 집합 A의 각 원소 x에 대해, [x]를 R에 대한 x의 동치류라 하고 [x] = { y | (x, y) ∈ R }로 정의한다.
  (즉, A의 각 원소 x의 동치류는 x와 관계가 있는 원소쌍의 두 번째 원소들의 집합)

- **몫집합(quotient set)**

  집합 A에 대한 <u>동치 관계</u>를 R이라 하면, **몫집합 A/R** = { [x] | x∈A }
  (즉, 집합 A의 각 원소 x의 동치류들의 집합)

정리 7.3

집합 A에 대한 동치 관계가 R 일 때, A의 몫집합 A/R은 집합 A의 분할이다.

【예제 7.22】 집합 S ={1,2,3,4,5,6}이고, 관계 R = { (x, y) ∈ S×S | x–y는 2로 나누어진다}일 때 각 원소의 동치류를 하고, 몫집합 S/R을 구하여라.

▶▶풀이

원소 1의 동치류 : [1] = { y | (1, y) ∈ R 즉, 1–y는 2로 나누어진다} = {1, 3, 5}
원소 2의 동치류 : [2] = { y | (2, y) ∈ R 즉, 2–y는 2로 나누어진다} = {2, 4, 6}
원소 3의 동치류 : [3] = { 1, 3, 5 }이며 … 등등
∴ 각 원소의 동치류 : [1]=[3]=[5]={1, 3, 5}, [2]=[4]=[6]={2, 4, 6} 이고
   몫집합 : S/R = { [1], [2], [3], [4], [5], [6] } = {[1], [2]} = { {1,3,5}, {2,4,6} }

> **정리 7.4** 동치류에 관한 정리
>
> (1) x ∈ [x]가 성립한다.
>
> (2) (x, y)∈ R 이면 (y, x)∈ R이므로, x∈ [x], y∈ [y]이며, y∈ [x], x∈ [y] 이다.
>   즉, [x] = [y]이 성립한다.

동치류는 동치관계에 대해 정의되는 것이므로, 위 정리 7.4의 (1)이 성립하는 것은 반사 관계가 만족하기 때문이다. 즉 반사 관계이므로 (x, x)∈ R이므로 x의 동치류에 x가 포함된다. 모든 원소의 동치류에는 자기 자신이 포함된다.

정리 7.4의 (2)는 대칭 관계를 만족하므로, (x, y)∈ R이면 (y, x)∈ R이므로 x∈ [y]이면 y∈ [x]이어야 한다. 즉, x의 동치류에 y가 포함되어 있다면 x와 y는 관계가 있다는 의미이기 때문에 y의 동치류에도 x가 포함되어야 한다. 그러므로 정리 7.4의 (1)과 (2)에서 [x] = [y]을 알 수 있다.

【예제 7.23】 다음 주어진 집합과 관계에 대해 동치류와 몫집합을 구하라.
(1) 집합 A={1,2,3}, 관계 R={ (1,1), (1,2), (1,3), (2,1), (2,2), (2,3), (3,1), (3,2), (3,3) }
(2) 집합 B={1,2,3,4,5}, 관계 S={ (1,1), (1,2), (1,3), (2,1), (2,2), (2,3), (3,1), (3,2), (3,3) }

▶▶풀이
(1) 먼저, 관계 R이 동치 관계인지를 확인해야 한다. 우리는 앞서 예제 7.18에서 R이 동치 관계인 것을 확인하였으므로 동치류를 구할 수 있다.
∴ 동치류 : [1]=[2]=[3]= {1, 2, 3}
  몫집합 A/R = { [1], [2], [3] } = { {1,2,3} }
(2) 관계 S는 동치 관계이다. (과정 생략)
∴ [1]=[3]=[5]={1, 3, 5}, [2]={2}, [4]={4}
  몫집합 B/S = { [1], [2], [3], [4], [5] } = { {1,3,5}, {2}, {4} }

【예제 7.24】 A = {1, 2, 3, 4, 5}이고 A의 부분집합이 A_1={1}, A_2={2, 3, 5}, A_3={4}일 때, 이들이 집합 A의 분할이 되는지 답하라.

▶▶풀이
분할이 되기 위한 조건 세 가지를 살펴보며 확인하자.

1) A_1, A_2, A_3은 모두 공집합이 아니다.
2) 세 집합의 합집합 $A_1 \cup A_2 \cup A_3$ = {1, 2, 3, 4, 5}는 집합 A와 같다.
3) 세 집합 간에 공통된 원소가 없다. ∴ 분할이다.

【예제 7.25】 집합 S={a, b, c, d}이고 동치관계 R일 때, S의 분할인 S/R= {{a}, {b, c}, {d}}이다. 집합 S에 대한 동치관계 R을 구하라.

▶▶풀이

동치관계 R은 반사적이므로 a ∈ [a], b ∈ [b], c ∈ [c], d ∈ [d]이다.
또한 R은 대칭적이며 분할에 {b, c}가 있으므로, (b, c)∈R이고 (c, b)∈R이다.
그러므로 R = {(a, a), (b, b), (c, c), (d, d), (b, c), (c, b) }이다.

7-6 순서 관계

관계를 표현하는 순서쌍들이 서로 어떤 순서를 갖는 경우가 있다. 즉, 모든 순서쌍 (a, b)에서 a와 b가 어떤 성질에 따라 순서가 정해져 있어서, 그 순서에 맞게 (a, b)가 관계에 포함되거나 (b, a)가 포함되는 것이다. 이러한 순서 관계에서는 순서쌍 (a, b)와 (b, a) 둘 다 동시에 관계에 속할 수는 없다. 부분 순서 관계는 다음과 같이 정의한다.

부분 순서 관계(partially ordered relation)

> 집합 A에 대한 관계 R이 **반사관계, 반대칭관계, 추이관계**가 성립하면 관계 R을 **부분 순서 관계**라 한다.

부분 순서 관계의 정의에서 '부분(partial)'이라는 용어를 쓰는 이유는 집합 A의 모든 원소의 순서쌍이 관계를 갖는 것은 아니기 때문이다. 만일 집합 A의 모든 원소의 순서쌍을 비교할 수 있다면 '부분'이란 용어를 뺄 수 있으며 순서 관계 혹은 완전 순서 관계라고 한다.
부분 순서 관계는 보통 ≤ 기호로 나타낸다. 관계 R이 집합 A에 대해 부분 순서 관계이면, 집합 A의 두 원소 a, b에 대해 (a, b)∈R이면 a≤b로 나타낸다. 이는 관계 R에 대해 (a, b)∈R이라면 aRb로 나타내는 것과 같은 이치이다. 부분 순서 집합(partially order set, poset)을 나타낼 때는 (A, ≤)라고 쓴다.

【예제 7.26】 자연수의 집합(N)에 대한 관계 ≤가 부분 순서 관계인지를 보여라.

▶▶풀이
- 임의의 x∈N에 대하여 x≤x이므로 (x, x)는 관계가 있다. 따라서 반사관계이다.
- x,y∈N에 대하여 x≤y이고 y≤x이라면 x=y이다. (다시 말하면, x≠y인 x, y에 대해 x≤y이라면 y≰x이다.) (x, y)가 관계에 있다면 (y, x)는 관계가 없다. 따라서, 반대칭 관계이다.
- x,y,z∈N에 대하여 x≤y이고 y≤z이라면 x≤z이다. 즉, (x, y)와 (y, z)가 관계에 있다면 (x, z)는 관계에 있다. 따라서 추이 관계이다.
∴ 부분 순서 관계이다.

【예제 7.27】 집합 S의 부분 집합간의 포함 관계 ⊆가 부분 순서 관계인지를 보여라.

▶▶풀이
- 임의의 부분집합 A (A는 S의 부분집합)에 대하여 A⊆A이므로 반사관계이다.
- 부분집합 A, B에 대하여 A⊆B이고 B⊆A이라면 A=B이다. (다시 말하면, A≠B인 부분 집합 A, B에 대하여 A⊆B이라면 B⊄A이다.) 따라서, 반대칭관계이다.
- 부분집합 A, B, C에 대하여 A⊆B이고 B⊆C이라면 A⊆C이다. 따라서 추이관계이다.
∴ 부분 순서 관계이다.

하세(해스) 도표

부분 순서 관계를 그림으로 간단하게 나타내는 방법

(1) 관계를 방향 그래프로 나타낸다.
(2) 화살표는 표시하지 않으며, 순환(cycle)도 표시하지 않는다. (순환은 반사관계)
(3) 추이관계도 표시하지 않는다.

위 세 단계를 통해 얻어지는 그래프를 하세 도표(Hasse diagram)라고 함하세 도표에서 관계를 방향 그래프로 나타낼 때, 모든 연결선(edge)의 화살표 방향이 위 방향을 향하도록 한다. 즉, (x, y)∈R이라면, 그래프에서 정점 x는 아래에 있고 그 위에 정점 y를 위치하도록 한다. 간혹 반대 방향으로 그리도록 설명하는 책이 있으나 일반적이지 않으므로, 이 책에서는 위 방향으로 그리는 것으로 한다. 이 점에 유의하자.

【예제 7.28】 부분순서관계 R={(1,1),(2,2),(3,3),(1,2),(2,3),(1,3)}을 하세도표로 표현하라.

▶▶풀이

1) 방향그래프로 나타냄   2) 화살표와 순환을 생략   3) 추이관계를 생략

  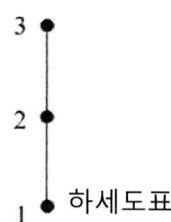

하세도표

【예제 7.29】 집합 A ={1,2,3}의 부분집합들에 대한 포함관계 ⊆를 하세도표로 표현하라.

▶▶풀이

A의 부분집합: ∅, {1}, {2}, {3}, {1,2}, {1,3}, {2,3}, {1,2,3}
R= {(∅,∅), (∅,{1}), (∅,{2}), (∅,{3}), ~~(∅,{1,2})~~, ~~(∅,{1,3})~~, ~~(∅,{2,3})~~, ~~(∅,{1,2,3})~~,
    ~~({1},{1})~~, ({1},{1,2}), ({1},{1,3}), ~~({1},{1,2,3})~~,
    ~~({2},{2})~~, ({2},{1,2}), ({2},{2,3}), ~~({2},{1,2,3})~~,
    ~~({3},{3})~~, ({3},{1,3}), ({3},{2,3}), ~~({3},{1,2,3})~~,
    ~~({1,2},{1,2})~~, ({1,2},{1,2,3}),
    ~~({1,3},{1,3})~~, ({1,3},{1,2,3}),
    ~~({2,3},{2,3})~~, ({2,3},{1,2,3}),
    ~~({1,2,3},{1,2,3})~~ }

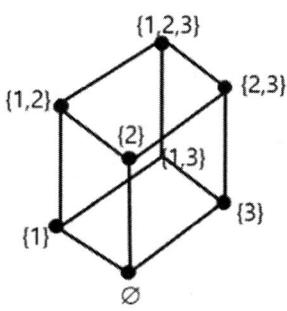

【 7장 연습문제 】

1. $A=\{1,2,3\}, B=\{a,b,c,d\}, C=\{4,5\}$일 때 다음 물음에 답하시오.
   (1) $A \times B$
   (2) $B \times C$
   (3) 집합 A에서 집합 C로의 관계를 모두 구하시오.

2. $A=\{1,2,3,4\}, B=\{a,b,c\}, C=\{2,4,6,8,10\}$일 때 다음 물음에 답하시오.
   (1) $B \times B$
   (2) A에서 C로의 관계 $R=\{(x,y)\in A\times C \mid y$를 x로 나눈 나머지가 0이다$\}$일 때 R의 순서쌍을 구하시오.
   (3) 위의 (2)에서 R의 역관계 R^{-1}을 구하시오.
   (4) $Dom(R)$과 $Ran(R)$을 구하시오.

3. 관계 R에 대한 관계 행렬이 $R=\begin{vmatrix} 1&0&1&0 \\ 0&1&0&1 \\ 1&0&0&1 \\ 1&1&0&0 \end{vmatrix}$ 일 때 R^2와 R^3를 구하시오.

4. A= {1,2,3,4,5}에 대한 관계 R = { (1,1), (1,4), (2,3), (2,5), (3,5), (5,1), (5,2) }일 때, 다음의 3가지 방법으로 관계 R을 표현하시오.
   (1) R에 대한 좌표 도표
   (2) R에 대한 방향 그래프
   (3) R에 대한 관계 행렬

5. 합성 관계 R ◦ S를 구하여 관계 행렬로 표현하시오.
   $M_R = \begin{bmatrix} 1&0&1 \\ 1&1&0 \\ 0&0&0 \end{bmatrix}, \quad M_S = \begin{bmatrix} 0&1&0 \\ 0&0&1 \\ 1&0&1 \end{bmatrix}$

6. 다음 관계들에 대하여, 반사, 대칭, 반대칭, 또는 추이 관계인지를 구분하시오.
   (1) $\{(1,2),(2,3),(3,2),(2,1),(1,3),(3,1),(4,4)\}$
   (2) $\{(1,1),(2,2),(3,4),(4,3)\}$
   (3) $R=\{(x,y)|x, y\in R, x=y^2\}$

7. 다음 방향그래프로 나타낸 관계들에 대하여, 반사, 대칭, 반대칭, 또는 추이관계인지를 구분하시오.

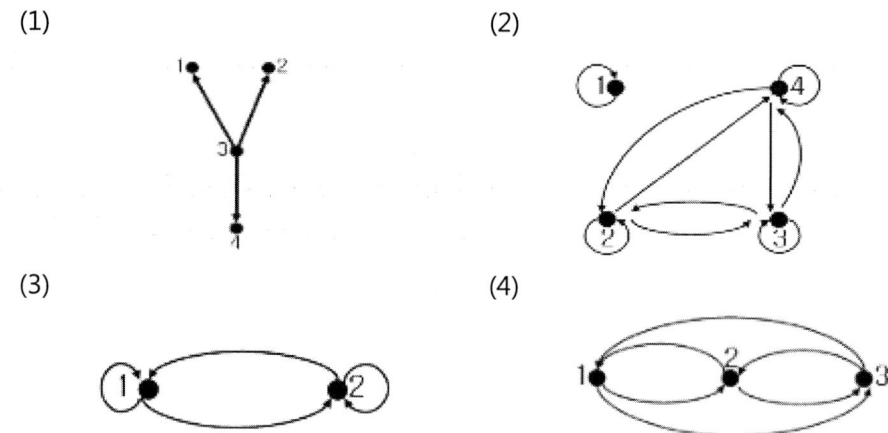

8. 정수 집합 Z에 대해 다음과 같이 정의되는 관계 R은 동치 관계인지 답하시오. (답을 유도한 과정 및 이유를 반드시 쓸 것!)

 관계 R : Z에 있는 두 원소 x, y에 대하여, $x-y$가 짝수일 때 $(x, y) \in$ R 이다.

9. 집합 A에 대한 관계 R이 다음과 같이 주어질 때, R이 부분 순서 관계인지를 답하시오. (답을 유도한 과정 및 이유를 반드시 쓸 것!)
 (1) 집합 A={1,2,3,4}일 때, 관계 $R = \{(1,1),(1,2),(1,3),(1,4),(2,2),(3,3),(3,4),(4,4)\}$
 (2) 집합 A는 정수집합일 때, 관계 $R = \{(x,y) \mid x,y \in Z, \ x \leq y\}$

10. 집합 A={1,2,3,4,5,6}에 대한 관계 R은 다음과 같이 정의된다.
 A에 있는 원소 m,n에 대해, 'm을 n으로 나누어 나머지가 0 이면 $(m, n) \in$ R이다.'
관계 R은 부분 순서 관계인지 보이고 하세 도표로 나타내시오.

8장 함수

함수(functions)는 수학과 컴퓨터과학에서 많이 이용되는 분야이다. 이 장에서는 유한 집합이나 정수의 집합 등에서 정의된 함수의 개념과 다양한 함수의 종류와 성질 및 특성을 공부한다.

8-1 함수의 개념

두 집합 X와 Y에서 정의된 함수 f는 집합 X에서 Y로의 관계의 부분집합이다. (관계는 7장에서 학습하였다.) 즉 X에서 Y로의 관계들 중에서 어떤 특정 조건을 만족하는 부분집합을 함수라고 부른다. 함수를 '함수 관계'라고 부르기도 하는 이유는 함수도 관계에 속하기 때문이다. 함수의 정의는 다음과 같다.

> **함수의 정의**
> 공집합이 아닌 두 개의 집합 X, Y에 대하여 집합 X에서 집합 Y로의 함수 f는 집합 X의 각각의 원소가 집합 Y의 단 하나의 원소와 대응되는 관계이다.

【예제 8.1】 다음 그림에서 나타내는 관계가 함수인지 아닌지 판별하여라.

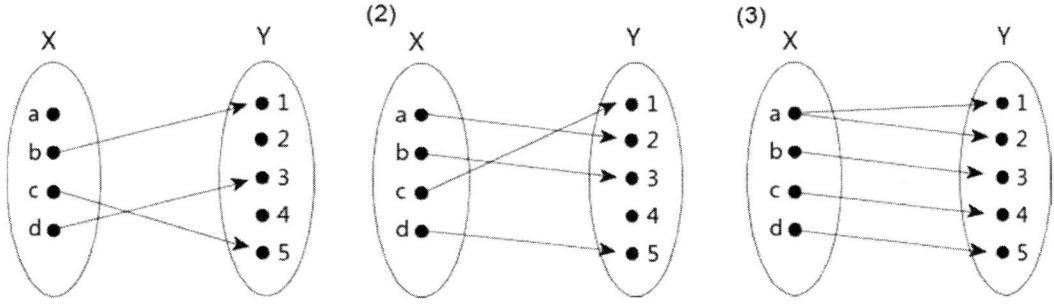

▶ **풀이**
 (1) 집합 X의 원소 a가 집합 Y의 어떤 원소와도 대응되지 않았으므로 함수가 아니다.
 (2) 집합 X의 모든 원소가 집합 Y의 원소에 한 번씩 대응되었으므로 함수이다.
 (3) 집합 X의 원소 a가 집합 Y의 원소 1과 2에 대응되었으므로 함수가 아니다.

함수의 정의역, 공변역, 치역은 다음과 같이 정의된다. 7장에서 설명한 관계에서의 공변역, 치역과는 같으나 정의역은 다소 차이가 있다.

집합 X에서 집합 Y로의 함수 **f : X→Y**

- **정의역** : X (즉, 집합 X에 속하는 모든 원소들)
  함수관계는 X의 모든 각 원소 x가 Y의 하나의 원소와 관계에 있어야 하므로 정의역은 집합 X의 모든 원소(즉, 집합 X)이다. 관계의 정의역과 함수의 정의역은 다음과 같이 차이가 있다.
  함수의 정의역 Dom(f) = { x | (x, y)∈f, x∈X, y∈Y } = X
  관계의 정의역 Dom(R) = { x | (x, y)∈R, x∈X, y∈Y } ⊆ X
- **치역** : X의 원소들과 관계가 있는 집합 Y의 원소들
  Ran(f) = { y | (x, y)∈f, x∈X, y∈Y } ⊆ Y
- **공변역** : Y (즉, 집합 Y에 속하는 모든 원소들)

공변역과 치역은 같지 않음에 주의하라. 공변역은 Y 집합(즉 Y의 원소 전체)을 말하며 이 원소들 중에서는 X의 어떤 원소와도 관계에 없는 원소가 존재할 수 있다. 하지만 치역은 실제로 X의 원소와 관계에 있는 Y의 원소들이므로 관계에 없는 원소들은 포함되지 않는다. 그러므로 치역은 공변역의 부분 집합이다.

【예제 8.2】 A={1,2,3}, B={a,b,c,d}일 때, 다음의 관계가 함수인지 아닌지를 구분하여라. 또한 함수일 경우는 정의역, 공변역, 치역을 구하여라.
(1) A에서 B로의 관계 : {(1, a), (1, b), (2, c), (3, b)}
(2) B에서 A로의 관계 : {(a, 1), (b, 1), (c, 1), (d, 2)}
(3) 정수 Z에서의 관계 : {(x, y) | x, y ∈ Z, y - x = 1}
(4) 자연수 N에서의 관계 : {(x, y) | x, y ∈ N, y - x = 1}

▶▶풀이
(1) 함수가 아니다. ∵ A의 원소 1이 Y의 원소 a, b 두 개와 관계에 있다.
(2) 함수이다. ∵ B의 모든 각 원소가 A의 원소 중 단 한 개와 관계에 있다.
 · 정의역은 B= {a, b, c, d}이고, 공변역은 A= {1, 2, 3}이고, 치역은 {1, 2}이다.
(3) 함수이다.
 주어진 관계식을 y에 대해 정리하면 y = x+1로 표현된다. 정수인 원소 x를 각각 식에 대입하면 x=-2인 경우 y=-1이 되고, x=-1이면 y=0, x=0이면 y=1, ... 등이 된다. 즉, 순서쌍 ..., (-2,-1), (-1,0), (0,1), (1,2), ... 등으로 원소 x에 대응하는 원소 y는 x보다 1이 더 큰 정수(즉, x+1) 단 한 개이므로 함수관계이다.
 · 정의역, 공변역, 치역은 모두 Z(정수 전체)이다.
(4) 함수이다.
 위 (3)문항에서는 정수 집합에서의 관계이며, 여기서는 자연수 집합에서의 관계로 원소 x, y가 양의 정수인 경우이다. (3)에서와 마찬가지로 이 관계도 함수이다.
 · 정의역과 공변역은 N(자연수)이다.
 · 치역은 2보다 같거나 큰 자연수이다. (∵ 원소 y=1일 때, 원소 x에서 1로 대응되는 원소는 없다. 원소 x는 자연수이며, 0은 자연수가 아니므로 원소가 아니다.)

【예제 8.3】 A={-1, 0, 1}, B={1, 2, 3, 4}에 대한 관계가 {(x, y) | x∈A, y∈B, y= x+3} 일 때, 이 관계가 함수인지를 판별하고, A의 원소들에 대한 함수의 값을 구하여라.

▶▶풀이
 함수이다. 함수의 값 : (-1, 2), (0, 3), (1, 4)

【예제 8.4】 A = {-2, -1, 0, 1, 2}이고 f : A → A가 f(x) = |x|일 때 Ran(f)을 구하여라.

▶▶풀이
 먼저 함수 조건을 만족하는지 확인해 보자. 집합 A의 각 원소에 대해 그 값을 관계식에 대입하면 (-2, 2), (-1, 1), (0, 0), (1, 1), (2, 2)이다. A의 모든 각각의 원소는 A의 단 한 개 원소와 관계가 있다. 따라서 함수관계이다.
 · 치역은 {0, 1, 2}이다.

함수의 그래프
함수 f : A→B에 대한 그래프 G는 x∈A, y∈B이고 y = f(x)인 순서쌍 (x, y)의 집합이다. 즉, G = { (x, y) | x∈A, y∈B, y= f(x) }로 표현한다.

【예제 8.5】 실수에서 실수로의 함수의 그래프를 좌표 도면상에 표시하여라.
(1) y = x+2 (2) y = x²
(3) y = |x| (4) y = 2ˣ

▶▶풀이

(1)
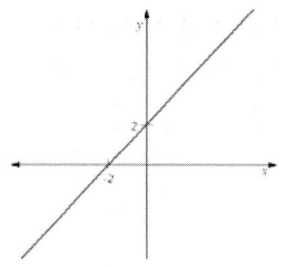

(2)
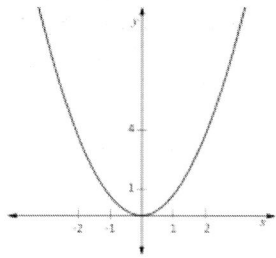

(3)
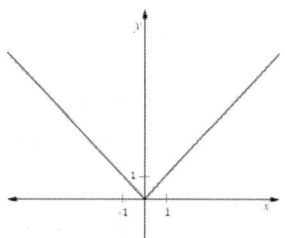

(4)
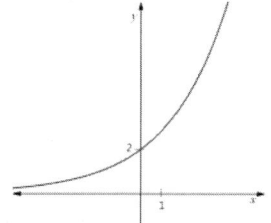

8-2 단사 함수, 전사 함수, 전단사 함수

단사 함수(one-to-one 혹은 Injective function)
함수 f : A → B 가 다음과 같은 경우일 때 단사 함수라 한다.

---

for ∀ $a_i, a_j \in A$, $f(a_i) = f(a_j)$이라면 $a_i = a_j$이다.

  즉, $a_i \neq a_j$에 대해 $f(a_i) \neq f(a_j)$ 이다.

- 1대 1 함수 (one-to-one function)
- f : A → B에서 Ran(f) ⊆ B
- |A| ≤ |B|

함수 f : A → B에서는 집합 A의 여러 원소가 집합 B의 같은 원소(즉, 함수 값)로 대응될 수 있다. 그러나 단사함수는 서로 다른 두 원소는 반드시 대응되는 원소가 서로 달라야 한다. 그러므로 집합 B의 원소의 개수는 A집합의 원소 개수보다 적어도 같거나 많아야 한다.

그림 8.1에서 각 함수가 단사인지를 확인해보자. (a)에서는 집합 A의 두 원소 1과 2가 집합 B의 원소 a와 관계가 있다. 즉, 서로 다른 두 개의 원소가 같은 함수 값으로 대응되므로 단사함수가 아니다. (b)와 (c)는 집합 A의 어떤 두 원소도 B의 같은 원소로 대응되지 않는다. 즉, 서로 다른 두 개의 원소는 서로 다른 함수 값을 가지므로 단사함수이다. (c)는 단사함수인데, A의 어떤 원소도 B의 원소 b 혹은 e와 대응되지 않는다. 따라서 집합 B의 원소의 개수는 집합 A의 원소 개수보다 많다는 것을 알 수 있다.

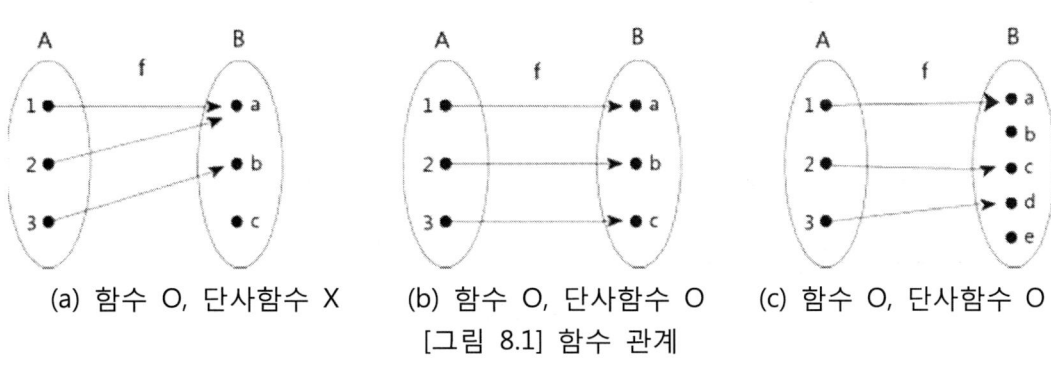

(a) 함수 O, 단사함수 X   (b) 함수 O, 단사함수 O   (c) 함수 O, 단사함수 O

[그림 8.1] 함수 관계

전사 함수(onto 혹은 Subjective function)

함수 f : A → B 가 다음과 같은 경우일 때 전사 함수라 한다.

> for ∀b∈B, ∃a∈A such that f(a) = b
>
> 즉, f(a) = b가 성립되는 a∈A가 적어도 하나 존재한다.
>
> - 반영 함수 (onto function)
> - Ran(f) = B (치역은 공변역인 집합 B와 같다.)
> - |A| ≥ |B|

함수 f : A → B가 전사 함수라면 집합 B에 있는 모든 각 원소에 대해 집합 A의 원소 중에 관계가 있는 원소가 적어도 하나 이상은 존재해야 한다. 위 그림 8.1을 보자. (a)와 (b)에서는, 집합 B의 모든 각 원소는 집합 A의 적어도 하나의 원소와 대응되므로 전사 함수이다. 특히 (a)는 집합 B의 원소 a와 대응되는 집합 A의 원소가 1과 2, 두 개로써 집합 A의 원소 개수는 집합 B의 원소 개수보다 많다. (c)에서는 집합 B의 원소 b와 e에 대응되는 A의 원소가 존재하지 않는다. 그러므로 전사 함수가 아니다.

전단사 함수(one-to-one Correspondence 혹은 Bijective function)

> $f : A \rightarrow B$ 가 단사함수인 동시에 전사함수일 때, 함수 f를 전단사 함수라고 한다.
> - 일대일 대응 함수(one-to-one correspondence)
> - $|A| = |B|$

그림 8.1의 (b)는 단사 함수이며 전사 함수이므로 전단사 함수가 된다.

【예제 8.6】 다음의 함수식이 실수에서 실수로의 함수일 때, 이 함수가 단사, 전사, 전단사 함수인지를 구별하여라.

(1) $f_1(x) = \sin x$

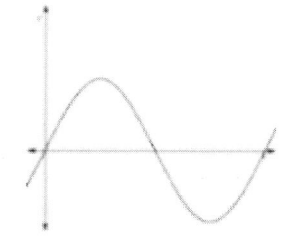

(2) $f_2(x) = x^2$

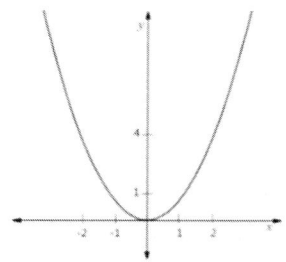

(3) $f_3(x) = 2^x$

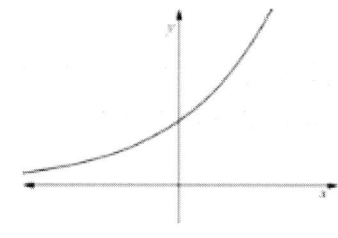

(4) $f_4(x) = 2x + 3$

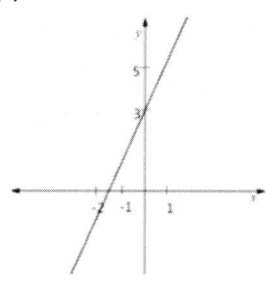

▶▶풀이

(1) 단사함수인가? No. 같은 함수 값(즉 y값)을 갖는 서로 다른 x값들이 있기 때문에 단사 함수의 조건을 만족하지 않는다.

전사함수인가? No. y값이 -1≤y≤1 범위에서만 y값에 대응되는 x값이 존재하고 그 외 범위에서는 존재하지 않는다.
전단사함수인가? No.

(2) 단사함수인가? No. 같은 함수값 갖는 서로 다른 x값들이 있으므로 단사함수 아님
전사함수인가? No. y≥0 범위에서만 y값에 대응되는 x값이 존재하고 그 외 범위에서는 존재하지 않는다.
전단사함수인가? No.

(3) 단사함수인가? Yes. 서로 다른 x에 대해서 다른 함수 값을 가지므로 단사함수이다.
전사함수인가? No. y>0 범위에서만 y값에 대응되는 x값이 존재하고 그 외 범위에서는 존재하지 않는다.
전단사함수인가? No.

(4) 단사함수인가? Yes. 서로 다른 x에 대해서 다른 함수 값을 가지므로 단사함수이다.
전사함수인가? Yes. 모든 y의 값에 대응되는 x값이 존재하므로 전사함수이다.
전단사함수인가? Yes.

8-3 합성 함수

7-3절에서 합성 관계를 공부하였다. 함수는 관계의 부분 집합이므로 합성 함수도 합성 관계에서 배운 것과 같이 구하면 된다. 합성 함수 g∘f(x)의 연산은 뒤에서부터 거꾸로 f 함수를 먼저 계산한 후 g 함수를 연산한다.

합성 함수(composition function)
두 함수 $f : A \to B$, $g: B \to C$에 대해 합성 함수 $g \circ f$는 집합 A에서 집합 C로의 함수로서, $g \circ f : A \to C$로 나타내며 $g \circ f = \{ (a, c) \mid a \in A, b \in B, c \in C, f(a)=b, g(b)=c \}$이다.

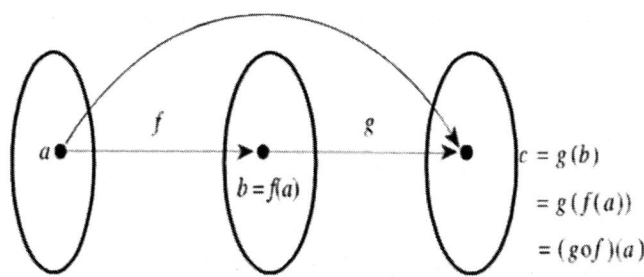

【예제 8.7】 두 함수 f : A→B, g: B→C이 아래의 그림과 같을 때, 두 함수 f와 g의 합성함수 g∘f는?

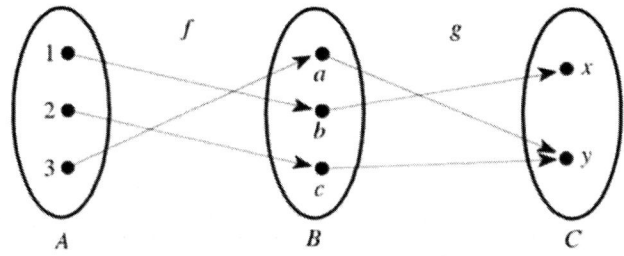

▶▶풀이

합성함수 식을 해결할 때는 식의 왼쪽에서 오른쪽 방향으로 식을 해결해야 한다. 지금과 같이 g∘f(x)함수의 경우에도 f(x)의 값을 먼저 구하고 구한 값을 g(x)의 정의역에 대입한다.

g∘f(1) = g(f(1)) = g(b) = x
g∘f(2) = g(f(2)) = g(c) = y
g∘f(3) = g(f(3)) = g(a) = y

【예제 8.8】 두 함수 f와 g가 각각 f : R→R, f(x)= x+3이고, g : R→R, g(x)= x^2-1일 때, 합성 함수 f∘g와 g∘f를 구하여라.

▶▶풀이

f∘g(x) = f(g(x)) = f(x^2-1) = (x^2-1) +3 = x^2+2
g∘f(x) = g(f(x)) = g(x+3) = $(x+3)^2$−1 = x^2+6x+9-1 = x^2+6x+8

> **정리 8.1**
>
> 두 함수 f와 g의 합성 함수 g∘f에 대하여
> (1) g와 f가 단사 함수이면, g∘f도 단사 함수이다.
> (2) g와 f가 전사 함수이면, g∘f도 전사 함수이다.
> (3) g와 f가 전단사 함수이면, g∘f도 전단사함수이다.

【예제 8.10】 함수 f와 g가 다음과 같을 때 그의 합성 함수 g∘f가 단사 함수, 전사 함수, 전단사 함수인지를 구별하여라.

$$f : R \to R, \quad f(x) = -x + 1$$
$$g : R \to R, \quad g(x) = 2x + 1/2$$

▶▶풀이

먼저 함수 f, g가 각각 단사 함수, 전사 함수, 전단사 함수인지를 확인해보자. 함수 f, g의 그래프는 각각 다음과 같다.

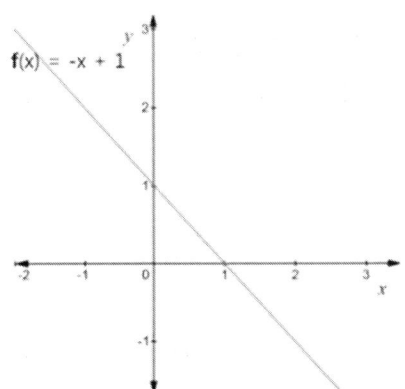
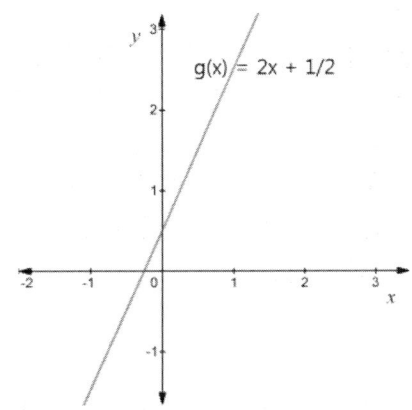

함수 f는 서로 다른 x값들에 대해 서로 다른 함수 값(즉 y값)과 대응하므로 단사 함수이고, 모든 y의 값에 대응되는 x값이 존재하므로 전사함수이다. f는 전사 함수와 단사 함수이므로 전단사 함수이다. 마찬 가지로 g도 전단사 함수가 된다.
합성함수 g∘f는 g∘f(x) = g(f(x)) = g(-x+1) = 2(-x+1)+1/2 = -2x+5/2이며 합성함수를 그래프로 표현하면 다음과 같다.

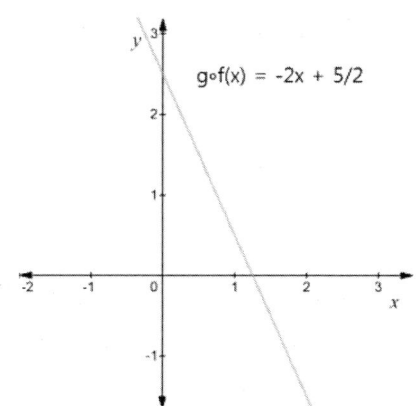

합성함수 g∘f도 서로 다른 x값들에 대해 서로 다른 함수 값(즉 y값)과 대응하여 단사 함수이고, 모든 y의 값에 대응되는 x값이 존재하므로 전사함수가 되므로 전단사 함수가 된다.

정리 8.2

두 함수 f와 g의 합성 함수 g∘f에 대하여
(1) g∘f가 단사 함수이면, f는 단사 함수이다.
(2) g∘f가 전사 함수이면, g는 전사 함수이다.
(3) g∘f가 전단사 함수이면, f는 단사함수이고 g는 전사함수이다.
* (1),(2),(3) 모두 충분조건이지만 필요조건은 아니다.

위 정리 8.2의 (1)이 왜 성립되는지 모순 증명으로 설명한다. g∘f가 단사 함수이고 f가 단사 함수가 아니라고 가정해 보자. 다음 그림 8.2(a)에서 함수 f는 단사가 아니므로 집합 A의 서로 다른 두 원소 a와 b가 B의 같은 함수 값 1과 대응될 수 있다. 원소 1은 함수의 정의에 의해서 집합 C의 단 하나의 원소와 대응되어야 하므로 함수 g에 의해 유일한 함수값 x를 가진다. 즉 합성함수 g∘f는 집합 A의 서로 다른 두 원소 a, b에 대해 g∘f(a)=x, g∘f(b)=x가 되어 같은 함수 값인 C의 x와 대응된다. 따라서 합성 함수 g∘f는 단사 함수가 아니다. 이는 가정에 모순이 발생된다. ∴ g∘f가 단사 함수이면, f는 단사 함수이다.

그렇다면 이번엔 'g∘f가 단사 함수이면, 함수 g는 단사 함수인가?'를 생각해보자. 결론은 '아니다'이다. 함수 g는 단사 함수가 아닐 수도 있다. 그림 8.2(b)는 그 예를 보여준다. 합성 함수 g∘f는 집합 A의 서로 다른 두 원소 a, b에 대해, g∘f(a)=x, g∘f(b)=y로써 서로 다른 함수 값인 C의 x와 y로 대응된다. 따라서 합성 함수 g∘f는 단사 함수이다. 그런데, 함수 g는 집합 B의 서로 다른 원소 1과 3을 집합 C의 x와 대응시킨다. 즉 g(1)=g(3)=x이므로 단사함수가 아니다. 따라서 g∘f가 단사 함수이면 f는 반드시 단사 함수이지만, g는 단사 함수가 아닐 수 있다.

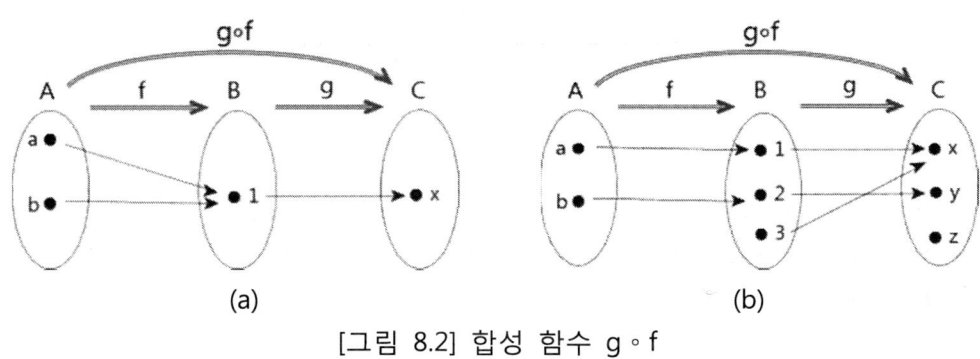

[그림 8.2] 합성 함수 g∘f

정리 8.2의 (2)가 성립함을 모순 증명으로 보이기 위해, g∘f가 전사 함수인데 g가 전사 함수가 아니라고 가정해보자. 함수 g는 전사 함수가 아니므로 그림 8.3(a)에서 보는 것과 같이 집합 C의 원소 y와 대응하는 집합 B의 원소가 없다. 그러나, 합성함수 g∘f는 전사 함수이므로 집합 C의 모든 각 원소들은 이와 대응되는 B의 원소가 적어도 하나는 존재해야 한다. 이는 가정에 모순이다. 그러므로 g∘f가 전사 함수이면, g는 전사 함수이다.

그렇다면 'g∘f가 전사 함수이면, 함수 f는 전사 함수인가?'를 생각해보자. 결론은 '아니다'이다. 함수 f는 전사 함수가 아닐 수도 있다. 다음 그림 8.3(b)는 그 예를 보여준다. 합성 함수 g∘f에서 집합 C의 모든 각 원소에 대해 대응되는 집합 A의 원소가 존재한다. 즉, 원소 x∈C와 대응되는 원소 a∈A가 존재하며, 원소 y∈C와 대응되는 원소 b∈A가 존재하므로 전사 함수이다. 그러나 함수 f를 살펴보자. 집합 B의 모든 각 원소에 대해 대응되는 집합 A의 원소가 존재하는지 확인해보자. 집합 B의 원소 3은 이에 대응되는 집합 A의 원소가 존재하지 않는다. 그러므로 f는 전사 함수가 아니다. 따라서 g∘f가 전사 함수이면 g는 반드시 전사 함수이지만, f는 전사 함수가 아닐 수 있다.

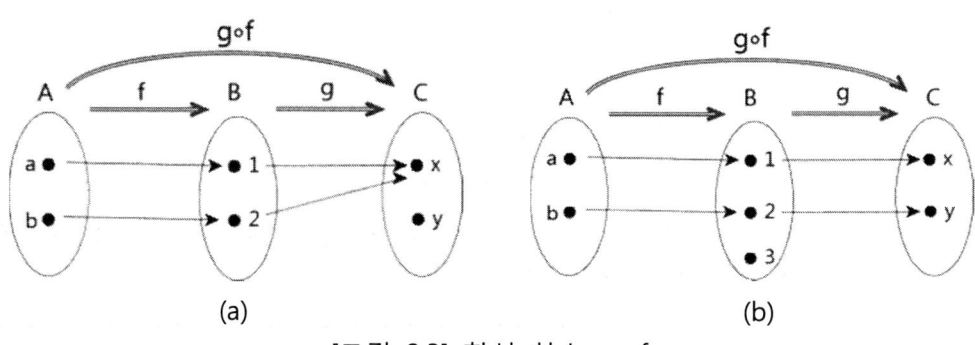

[그림 8.3] 합성 함수 g∘f

> **정리 8.3**
>
> 세 함수 f, g, h를 각각 f: A→B, g: B→C, h: C→D라 할 때, 합성함수는 다음과 같이 **결합법칙(associative law)**이 성립한다.
>
> $$h \circ (g \circ f) = (h \circ g) \circ f$$

【예제 8.11】 집합 A = {a, b, c}, B = {x, y, z}, C = {1, 2, 3}, D = {p, q, r} 이고, 그들 사이의 함수가 아래와 같을 때 g∘f, h∘g, h∘(g∘f), (h∘g)∘f 를 구하여라.

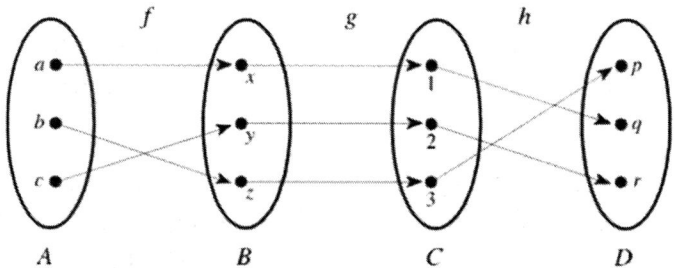

▶▶풀이

(1) g∘f = {(a, 1), (b, 3), (c, 2)}
(2) h∘g = {(x, q), (y, r), (z, p)}
(3) h∘(g∘f) = {(a, q), (b, p), (c, r)}
(4) (h∘g)∘f = {(a, q), (b, p), (c, r)}

8-4 여러 가지 함수들

항등함수(Identity function)

> 함수 f : A→A가 ∀a∈A에 대해, f(a)= a이면 함수 f를 **항등함수**(Identity function)라 하고 I_A로 표기한다. (즉, for ∀a∈A, I_A(a) = a)

항등함수를 예로 들면 A = {1, 2, 3} 라고 할 때, I_A = {(1, 1), (2, 2), (3, 3)}이다.

역함수(Inverse function)

> 함수 f : A → B가 <u>전단사</u> 함수일 때, f의 역함수는 f^{-1} : B → A로 표기하고 ∀a∈A, ∀b∈B에 대해 f(a)= b이면 f^{-1}(b)= a 이다.

역함수는 전단사 함수일 때만 존재하는데, 만약 f : A→B가 단사함수가 아니라고 가정해 보자. 집합 A의 서로 다른 두 원소(a1, a2라고 하자)가 B의 한 원소(b라고 하자)와 대응된다. 그림 8.4와 같이 역함수 f^{-1}는 B에서 A로의 함수이며, 원소 b∈B는 두 원소 a1, a2∈A와 대응된다. 이는 함수의 정의에 어긋나므로 f^{-1}는 함수가 아니며 가정에 모순이다. 따라서 f는 단사함수이다.

함수 f : A→B가 전사함수가 아니라고 가정해보자. 집합 B의 어떤 원소(b라 하자)는 이에 대응되는 A의 원소를 가지지 않는다. 역함수 f^{-1}는 B에서 A로의 함수이며, 집합 B의 모든 각각의 원소에 대해 대응하는 A의 원소가 단 하나씩 있다. 그런데, b∈B는 대응하는 원소가 없으므로 함수의 정의에 어긋나며 가정에 모순이다. 따라서 f는 전사함수이다.

그러므로 함수 f : A → B가 전단사 함수일 때, f의 역함수 f^{-1}가 존재한다.

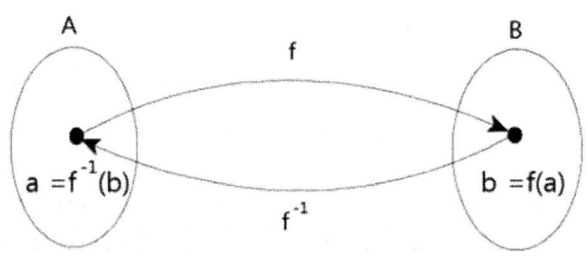

[그림 8.4] 역함수 f^{-1}

【예제 8.12】 집합 A={-1, 0, 1}이고 함수 f : A → A, f(x) = x^3일 때, 함수 f는 항등함수인지 답하여라.

▶▶풀이

$f(-1)=(-1)^3=-1$, $f(0)=(0)^3=0$, $f(1)=(1)^3=1$

f = {(-1,-1), (0,0), (1,1)}이므로 항등함수이다.

【예제 8.13】 함수 f : {1, 2, 3} → {a, b, c} 이고, f(1)=b, f(2)=c, f(3)=a일 경우, f의 역함수 f^{-1}이 존재하는지 답하고, 존재한다면 f^{-1}을 구하여라.

▶▶풀이

역함수가 존재하는지 확인하기 위해서 전단사 함수인지 먼저 확인해보자. 정의역 {1, 2, 3}의 모든 각 원소들이 유일한 함수 값을 갖고, 공변역 {a, b, c}의 각 원소에 대응되는 값이 존재하므로 전단사 함수이다. 역함수 f^{-1}가 존재하며 f^{-1}= {(a, 3), (b, 1), (c, 2)}가 된다.

【예제 8.14】 함수 f : Z→Z,   f(x) = x-1 일 때 역함수 f^{-1}을 구하여라.

▶▶풀이

f는 전단사 함수이므로(증명 생략) 역함수가 존재한다. f(x) = y = x-1이므로 f^{-1}(x) = x = y-1이다. y에 대해 식을 정리하면 y = x+1이다. 따라서 f의 역함수 f^{-1}(x) = x+1이다.

> **정리 8.4**
>
> (1) $f : A \to B$가 전단사 함수이면, 역함수 $f^{-1}: B \to A$ 역시 전단사 함수이다.
>
> (2) 함수 f의 역함수 f^{-1}이 존재할 때, $(f^{-1})^{-1} = f$ 이다.
>
> (3) $f : A \to B$가 전단사 함수이면, $f^{-1} \circ f = I_A$이고, $f \circ f^{-1}= I_B$이다.
> 자기 자신과 자신의 역함수를 합성시키면 항등함수가 된다. $f^{-1} \circ f$는 A에 대한 항등함수이고, $f \circ f^{-1}$는 B에 대한 항등함수이다.

【예제 8.15】 집합 A={1, 2, 3}, B={a, b, c}이고, A에서 B로의 함수 f={(1, a), (2, c), (3, b)} 일 때 $(f^{-1})^{-1}$, $f^{-1} \circ f$, $f \circ f^{-1}$을 구하라.

▶▶풀이

1) $(f^{-1})^{-1} = f = \{(1, a), (2, c), (3, b)\}$
2) $f^{-1} \circ f = I_A = \{(1, 1), (2, 2), (3, 3)\}$
3) $f \circ f^{-1} = I_B = \{(a, a), (b, b), (c, c)\}$

상수함수(Constant function)

> 함수 $f : A \to B$에서 집합 A의 모든 원소가 집합 B의 <u>오직 한 원소</u>와 대응할 때 함수 f를 상수함수(Constant function)라 한다.
>
> for $\forall a \in A$, $\exists b \in B$ such that $f(a) = b$

그림 8.5의 (a)는 상수함수의 예이다. 상수함수는 단사함수가 될 수 없다고 생각할 수 있으나, (b)의 그림에서 보는 것과 같이 단사함수인 상수함수가 있다.

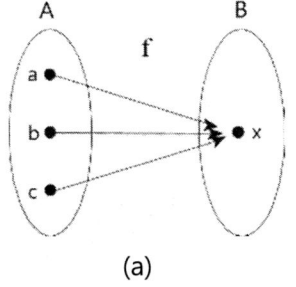
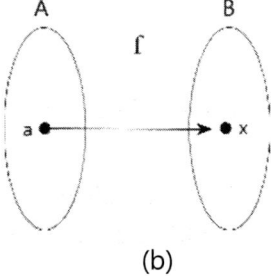

(a)   (b)

[그림 8.5] 상수함수의 예

특성함수(Characteristic function)

전체집합 U의 부분집합 A에 대해 특성함수 $f_A: U \rightarrow \{0, 1\}$는 다음과 같이 정의한다.
$$f_A(x) = \begin{cases} 1, & \text{if } x \in A \\ 0, & \text{if } x \notin A \end{cases}$$

예를 들어, U= {a, b, c, d, e}이고 A= {a, b, c}일 때 집합 A의 원소들 a, b, c는 1과 대응되고, A에 속하지 않는 원소 d와 e는 0과 대응된다. $f_A(a)=f_A(b)=f_A(c)=1$이고 $f_A(d)=f_A(e)=0$이다. 즉, A에 대한 특성함수 f_A ={(a, 1), (b, 1), (c, 1), (d, 0), (e, 0)}으로 표현된다.

【예제 8.16】 U={ x∈R | 0≤x≤2 }, A={ x∈R | 1/2≤x≤3/2 }일 때, 특성 함수 f_A를 나타내어라.
▶▶풀이
실수는 모든 값을 나열하기에는 한계가 있다. 따라서 그래프를 통해 특성함수를 나타낸다.

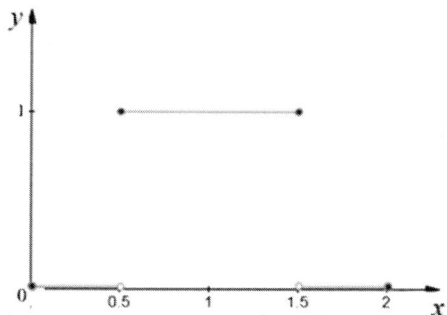

올림함수(Ceiling function)

x∈R에 대한 올림함수는 x보다 <u>크거나 같은 정수값 중 가장 작은 값</u>을 나타내며, ⌈x⌉로 표기한다.

내림함수(Floor function)

> x∈R에 대한 내림함수는 x보다 작거나 같은 정수값 중 가장 큰 값을 나타내며, ⌊x⌋로 표기한다.

올림함수와 내림함수의 예로 ⌊3.5⌋=4, ⌊3.5⌋=3, ⌈2⌉=2, ⌊2⌋=2 등이다.

컴퓨터 프로그래밍에서의 함수

컴퓨터 프로그램에서 복잡한 문제를 여러 개의 작은 독립적인 기능을 가지는 부분적인 프로그램 즉, 서브프로그램(subprogram)으로 나누어서 해결한다. 이러한 서브프로그램 중 하나로 함수를 사용한다. 함수는 어떤 일을 독립적으로 계산하거나 같은 작업을 반복적으로 수행할 때 사용한다. 컴퓨터 프로그램에서의 함수들도 우리가 지금까지 배운 함수와 같은 역할을 한다.

다음 C언어로 작성된 함수의 예를 보자.

```
main( )
{   ...
    for (i=1; i<=100; i++)
        if (odd_number(i))
            printf("%d", i );
    ...
}
```

```
int odd_number (int num)
{
    if ( num%2 )    return 1;
    else            return 0;
}
```

위 프로그램은 1~100까지의 정수 중 홀수만 출력하는 프로그램이다. main에서 함수 odd_number를 반복적으로 100번 호출하는데 반복되는 회수 값을 함수에 매개변수 값으로 넘겨주어 그 값이 짝수이면 0, 홀수이면 1을 함수 값으로 리턴한다. 즉, 1~100까지의 모든 각각의 값에 대해 함수 값으로 0 혹은 1로 대응시켜준다.

그러면 odd_number가 우리가 8장에서 학습한 함수의 정의를 만족하는가? 그렇다. 정의역인 정수에 속하는 모든 각각의 원소에 대해, 정수에 속하는 단 하나의 함수 값(원소)과 대응되는 관계이다. 즉, odd_number: Z→Z으로, odd_number(x) = x%2로 표현할 수 있다.

함수 odd_number는 서로 다른 두 홀수에 대해 같은 함수 값인 1(혹은 서로 다른 두 홀수에 대해 같은 함수 값인 0)과 대응되므로 단사 함수가 아니다. 또한, 전수 0, 1이 아닌 값은 이와 대응하는 값이 존재하지 않으므로 전사 함수 역시 아니다. 집합 A를 홀수들의 집합으로 두면, ∀a∈A에 대해서는 대응하는 함수 값이 1이고, ∀a∉A에 대해서는 대응하는 함수 값이 0이 된다. 그러므로 함수 odd_number는 특성함수이다. 정의역과 공변역은 정수이며, 치역은 {0, 1}이다.

‖[8장 연습문제]‖

1. 집합 A={a,b,c,d}, B={1,2,3,4}에서 다음 관계가 함수인지 아닌지를 판별하고 함수이라면 정의역, 공변역, 치역을 구하시오.
   (1) {{a,1}, {a,2}}
   (2) {{a,1}, {b,2}, {c,3}, {d,3}}
   (3) {{a,1}, {b,3}, {c,4}, {d,2}, {d,4}}
   (4) {(a,b)| a∈X, b∈Y, b=1}

2. 함수가 다음과 같이 주어졌을 때 전사 함수, 단사 함수, 전단사 함수인지를 판별하라.

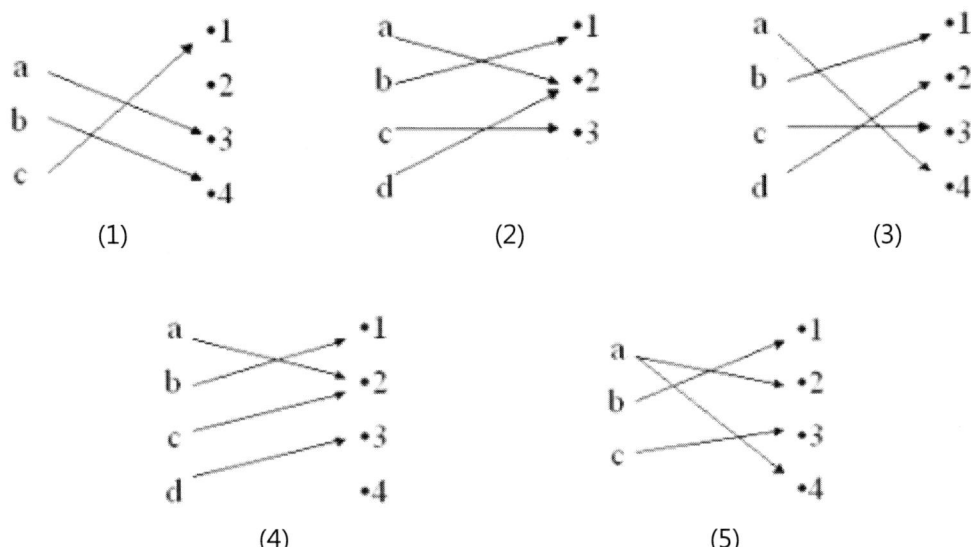

3. A={1,2}, B={a,b} 일 때, 함수 f: A→B일 경우, 만들어질 수 있는 모든 함수를 구하시오.

4. 함수 g는 주어진 집합 {a, b, c}에 대해 g(a) = b, g(b) = c, g(c) = a인 함수이고, 함수 f는 주어진 집합 {a, b, c}에서 {1, 2, 3}으로 대응하는 f(a) = 3, f(b) = 2, f(c) = 1을 갖는 함수이다. f∘g와 g∘f를 구하라.

5. f는 Z(정수의 집합)에서 Z로의 함수이고, $f(x) = x^2$이다 역함수 f^{-1}이 존재하는가? 존재하면 역함수를 구하고, 존재하지 않으면 반례를 들어 보이시오.

6. 다음 함수의 역함수를 구하시오.
   (1) f: ***R*** → ***R*** 일 때 f(x) = 2x+3, ∀x∈***R***
   (2) f: ***N*** → ***N*** 일 때 f(x) = x^2+1, ∀x∈***N***

7. 집합 A={1,2,3,4}, B={a,b,c,d}이고, A에서 B로의 함수 f={(1,c), (2,b), (3,a), (4,d)}일 때 합성함수 f∘f⁻¹와 f⁻¹∘f를 구하시오. 결과, 얻어진 합성함수의 형태, 즉 이러한 특수한 형태의 함수를 무엇이라 부르는가?

8. 집합 U={a,b,c,d}, A={a}일 때, $f_A(a)=1$, $f_A(b)=0$, $f_A(c)=0$, $f_A(d)=0$이다. 이때 함수 f는 특성함수인가?

9장 그래프와 트리

그래프(graph)는 수학뿐 아니라 컴퓨터 혹은 공학 관련 학문에서 활용되고 있는 중요한 이론이다. 복잡한 구조를 표현하는 시각적 도구로 많이 사용하고 있다. 예로, 전국 주요 도시를 연결하는 도로, 지하철 노선, 네트워크 구성도, 소셜 네트워크의 분석, 논리 회로의 설계, 시스템 흐름도 등에 응용된다.

트리(tree)는 그래프의 특별한 한 클래스로써 컴퓨터 분야에서 아주 중요하다. 예로, 가계도나 회사의 조직도 등을 나타낼 때 사용되며 계층적 구조를 이루고 있다. 컴퓨터 분야에 있어서는 폴더 혹은 디렉토리 구조, 의사 결정 트리 구조 등을 나타낼 때 사용된다.

그래프와 트리는 앞으로 여러분이 공부할 교과목인 '자료구조'와도 밀접한 관계를 지니고 있다.

<참고> **자료구조** : 같은 계열에 속하는 자료 항목들을 어떤 특정한 규칙에 따라 한 덩어리로 만든 것 또는 이때 각 자료 항목들 간의 관계를 규정짓는 규칙이다. 선형(linear) 자료 구조와 비선형(nonlinear) 자료 구조로 나눌 수 있다. 대표적인 선형 자료 구조는 리스트, 큐, 스택, 데크 등이며, 대표적인 비선형 자료 구조는 트리, 그래프 등이 있다. -네이버 지식백과-

9-1 그래프의 기본 개념

그래프는 자료 요소들의 관계가 비선형구조로 나타낼 때 사용되는 자료구조이다. 그래프 이론은 18세기 저명한 수학자 오일러(Leonard Euler)에 의해 쾨니히스베르크 다리 문제를 해결하기 위해 응용함으로써 시작되었다.

쾨니히스베르크 다리 문제
두 개의 섬 y, w와 강둑 x, z사이를 연결하는 7개의 다리가 있을 때 각 다리를 단 한 번씩만 건너는 경로를 찾는 문제이다.

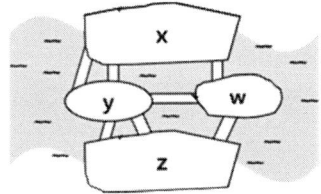

쾨니히스베르크 다리 문제를 멀티그래프로 표현

문제를 멀티그래프로 표현하여 해결 방법을 찾으려고 시도하였다. 섬들은 정점으로, 다리는 연결선으로 표현한다.

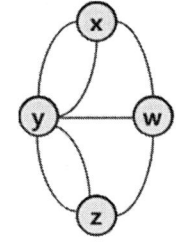

멀티 그래프에서의 오일러 규칙

멀티 그래프란 그래프의 노드 a에서 노드 b 사이의 연결선이 한 개보다 더 많은 경우를 말한다. 오일러 규칙(정리)은 '연결된 멀티 그래프에서 정점과 연결된 연결선의 개수 즉, 차수(degree)가 홀수인 정점의 수가 0 또는 2개 있으면 오일러 경로가 존재 한다'이다. 쾨니히스베르크 다리 문제를 그래프로 변환하여 오일러 경로가 존재하지 않는다는 것을 알 수 있으며 문제의 답인 각 다리를 단 한 번씩만 건너는 경로가 존재하지 않는다는 것을 알 수 있었다. 이와 같이 복잡하거나 어려운 문제를 그래프로 변환시켜 해결 방법을 쉽게 찾을 수 있다. 오일러 경로에 대해서는 9-4절에서 자세히 다룬다.

그래프의 응용

그래프의 응용은 다양하다. 데이터 흐름 모델(Data flow model), 스케쥴링 알고리즘(Scheduling algorithm), 논리회로 설계(Logic circuit design), 통신 네트워크(Communication network), 플로우 차트(Flow chart), 정렬(Sorting), 탐색(Searching) 등에 폭넓게 활용될 수 있으며 다른 많은 분야에도 응용되고 있다.

9-2 그래프의 용어

● **그래프(graph)**

G=(V, E)로 표현되는 그래프는 유한 개수의 '정점(vertex)' 또는 '노드(node)'들의 집합인 V와 '연결선(edge)'이라고 불리는 서로 다른 노드들의 쌍들의 집합인 E로 이루어진다.

다음 그림 9.1은 그래프의 예로써 (b)에서와 같이 그래프의 노드들이 연결선으로 반드시 연결될 필요는 없다. (a)는 연결 그래프, (b)는 비연결 그래프의 예이다.

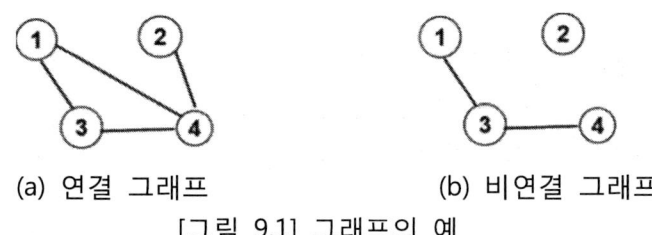

(a) 연결 그래프　　　　　　(b) 비연결 그래프
[그림 9.1] 그래프의 예

● **방향그래프(directed graph, digraph)**

그래프 G=(V, E)에서 노드들의 집합 V와 방향이 있는 연결선 즉, 아크(arc)들의 집합 E로 이루어진다.

노드 v에서 노드 w로 가는 아크는 화살표가 있는 연결선을 사용하여 v→w로 표시한다. 방향그래프의 예를 들면, G=(V, E)에서 V={1, 2, 3, 4}, E={ i→j | i, j∈V, i<j }일 때 다음과 같은 그래프로 나타낸다.

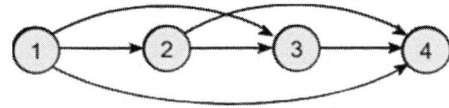

● **단순그래프(simple graph)**

한 쌍의 노드 사이에 연결선은 많아야 한 개이고 자기 자신으로의 연결선은 없는 그래프이다.

● **멀티그래프(multi graph)**

단순그래프의 확장으로서 한 쌍의 노드 사이에 연결선의 개수의 제한이 없는 일반적인 그래프이다.

다음 그림 9.2에서 (a)는 단순그래프, (b)는 노드 1과 2 사이에 아크가 3개, 노드 2와 4 사이에 아크가 3개이므로 멀티그래프이다. 아크가 아닌 연결선인 경우에도 마찬가지로 한 쌍의 노드 사이에 연결선의 개수가 둘 이상인지 여부로써 그래프를 분류한다.

(a) 단순그래프　　　　　　(b) 멀티그래프
[그림 9.2] 단순그래프와 멀티그래프

[정의] 그래프 G(V, E)에서 연결선 E는 V상에서 비반사성(irreflexive)과 대칭성(symmetric) 관계를 가진다.
- 모든 노드 v∈V가 자기 자신으로의 연결선이 없으면 **비반사성** 관계이다.
- 노드 u, v∈V에 대해, '(u, v)∈E이면 (v, u)∈E이다'를 만족하면 **대칭성** 관계이다.

[정의]
- 그래프 G(V, E)에서 (u, v)∈E일 때, u와 v를 연결하는 연결선 e는 u와 v에 **접했다(incident)**라고 하며, 노드 u와 v를 서로 **인접했다(adjacent)**라고 한다.
- 그래프 G(V, E)에서 **노드의 차수(degree)**, d(v)는 노드 v에 인접하는 연결선들의 개수를 말한다.

영어로 incident, adjacent는 둘 다 접했다는 의미이지만 incident는 연결선과 노드의 관계를 의미하고 adjacent는 연결된 두 노드의 관계라고 생각하면 된다.

[정의]
두 그래프 G(V, E)와 G'(V', E')에서
- V'⊆V, E'⊆E이면, G'(V', E')를 G(V, E)의 **부분그래프(subgraph)**라고 한다.
- V'=V, E'⊂E이면, G'(V', E')를 G(V, E)의 **생성부분그래프(spanning subgraph)**라고 한다. (즉, 노드들은 모두 포함해야 하며 연결선들은 부분집합이면 된다.)

【예제 9.1】 그래프 G(V, E)이 주어졌을 때, 그래프 G_1, G_2, G_3는 G의 부분그래프 혹은 생성부분그래프인지를 답하여라.

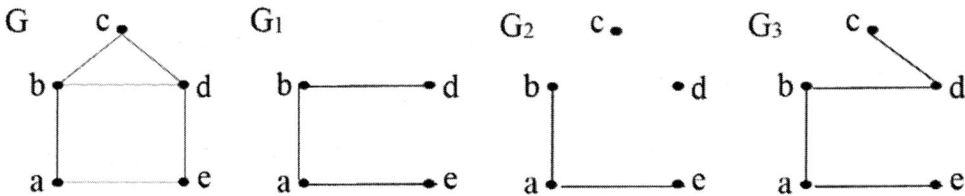

▶▶ 풀이
G_1, G_2, G_3 각 그래프의 노드들은 V의 부분집합이고 연결선들은 E의 부분집합이므로, G_1, G_2, G_3는 모두 G의 부분그래프이다. 또한 G_3는 $V_3=V$이고 $E_3 \subset E$이므로 G의 생성 부분그래프도 된다.

[정의]
- **경로(path)** : 노드의 시퀀스(sequence)인 $(v_0, v_1, v_2, ..., v_k)$로 경로를 표현하며, 시퀀스에 있는 연속된 두 노드 사이에는 연결선이 있는 경우 즉, $(v_{k-1}, v_k) \in E$인 경우이다.
- **경로의 길이(length)** : 경로에 있는 연결선의 개수를 경로의 길이라고 하며 경로 $(v_0, v_1, v_2, ..., v_k)$에서 경로의 길이는 k이다.
- **단순 경로(simple path)** : 경로에 있는 연결선들 중 같은 연결선을 포함하지 않는 경로
- **기본 경로(elementary path)** : 경로에 있는 노드들 중 같은 노드를 포함하지 않는 경로
- **사이클(cycle)** : 경로 $(v_1, v_2, ..., v_n)$에서 종점 v_n과 시점 v_1이 일치하는 경우
- **단순 사이클(simple cycle)** : 같은 연결선을 반복하여 방문하지 않는 사이클
- **기본 사이클(elementary cycle)** : 시작점을 제외한 어떠한 노드도 반복하여 방문하지 않는 사이클

【예제 9.2】 다음 그래프에서 경로 (1, 4, 1, 3, 2, 1)과 (1, 4, 3, 2, 1)는 단순 사이클 혹은 기본 사이클인지 답하여라.

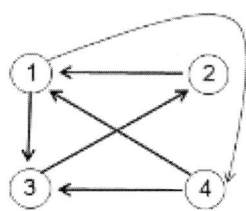

▶▶ 풀이
(1, 4, 1, 3, 2, 1)은 단순 사이클이지만, 기본 사이클은 아니다. 반면 (1, 4, 3, 2, 1) 은 단순 사이클이면서 기본 사이클이다.

그래프에서 노드들 사이의 연결 여부에 따라 연결 그래프, 강한 연결 그래프로 다음과 같이 정의된다.

[정의]
- **연결 그래프(connected graph)** : 그래프의 모든 노드들이 연결되어 있는 그래프이다.
- **강한 연결 그래프(strongly connected graph)** : 방향 그래프에서, 모든 두 노드쌍 a와 b에 대해, a에서 b로의 경로와 b에서 a로의 경로들이 존재하는 그래프이다.

【예제 9.3】 다음 그래프 G_1, G_2가 연결 그래프 혹은 강한 연결 그래프인지 답하여라.

▶▶풀이

G_1은 연결 그래프이지만, 노드 4로 가는 경로가 없기 때문에 강한 연결 그래프는 아니다. G_2는 강한 연결 그래프이다. 모든 두 노드 a와 b에 대해, a에서 b로의 경로와 b에서 a로의 경로가 존재한다.

9-3 그래프의 표현 방법

그래프를 표현하는 가장 기본적인 방법은 그림으로 나타내는 것이다. 그러나 컴퓨터에서는 그래프를 표현하기 위해서는 인접행렬 혹은 인접리스트를 사용한다.

(1) 그래프의 인접행렬(adjacency matrix) 표현

그래프 G= (V, E)에서 |V|= n일 때, G의 인접행렬은 $n \times n$ 행렬로 나타낸다.
그래프 G에 대한 인접행렬 A의 각 원소 a_{ij}는 다음과 같이 정의된다.

$$a_{ij} = \begin{cases} 1 & \text{if } (v_i, v_j) \in E \\ 0 & \text{if } otherwise \end{cases}$$

그림 9.3은 그래프와 그에 해당하는 인접행렬을 나타낸 예이다. 노드가 4개이므로 4x4 행렬로 나타낸다. 두 노드 사이에 연결선이 있으면 행렬의 해당 원소 값은 1이 되고, 아닌 경우에는 0이 된다. 예를 들어 노드 a와 b사이에 연결선이 있으므로 a_{12}와 a_{21} 원소 값은 1이 되고, 노드 a와 c사이에는 연결선이 없으므로 a_{13}과 a_{31} 원소 값은 0이다. 또한 노드 b와 c사이에 연결선이 있으므로 a_{23}과 a_{32} 원소 값은 1이다.

[그림 9.3] 그래프와 그에 해당하는 인접행렬

(2) 그래프의 인접리스트(adjacency list) 표현

인접리스트는 그래프에서 연결되어 있는 노드들을 리스트로 나열한 것이다. 연결리스트에서의 노드는 두 개의 필드(field)로 구성되어 있는데 첫 번째는 데이터 필드로 그래프에서 정점을 표현하며, 두 번째는 포인터(pointer) 필드로써 그와 연결된 정점의 주소를 가리키면서 연결된 노드들이 차례로 연결 리스트로 표시된다. 여기서 연결된 순서는 상관이 없다.

인접행렬과 인접리스트를 비교해볼 때, 인접행렬의 경우 연결된 노드 쌍 뿐 아니라 연결이 되지 않은 노드 쌍들도 행렬의 원소 값으로 나타내므로 메모리와 시간의 소모가 될 수도 있다. 그러나 인접리스트의 경우는 연결된 노드만 리스트에 나타낸다.

그림 9.4는 위 그림 9.3의 그래프를 해당하는 인접리스트로 나타낸 것이다. 각 노드의 첫 번째 필드는 데이터가 표시되고 두 번째 필드는 그 다음 포인터를 가리킨다. 예를 들어 노드 a는 노드 b, d와 각 각 연결선이 있다. 따라서 a의 인접리스트에 b와 d가 연결되어있다. b와 d의 순서는 상관이 없다. 그림에서 마지막 노드들의 두 번째 필드에 ● 기호는 'null'이란 의미로 데이터의 마지막을 알리는 것이다.

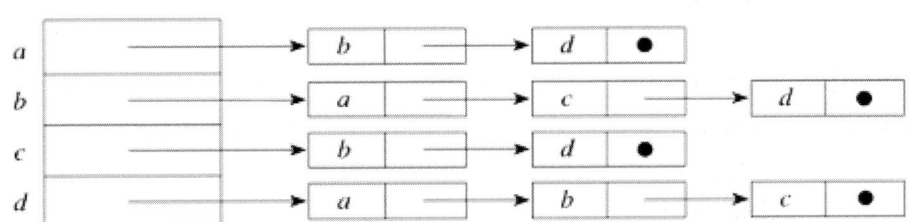

[그림 9.4] 그림 9.3의 그래프에 해당하는 인접리스트

9-4 특수형태의 그래프

오일러 경로, 오일러 순회, 오일러 그래프는 다음과 같이 정의 된다.
- **오일러 경로(Eulerian path)** : 그래프에서 각 연결선을 단 한 번씩만 통과하는 경로
- **오일러 순회(Eulerian circuit)** : 그래프에서 각 연결선을 단 한 번씩만 통과하는 순회 (순회는 경로 상의 시작점과 끝점이 동일한 경우임)
- **오일러 그래프(Eulerian graph)** : 오일러의 순회를 만족하는 그래프

【예제 9.4】 다음 그래프는 오일러 경로, 오일러 순회를 만족하는지를 답하여라.

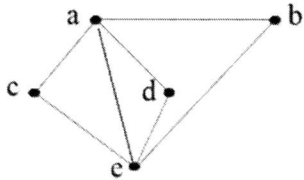

▶▶풀이
오일러 순회 (a, e, d, a, b, e, c, a)가 있으므로 오일러 그래프이다.

정리 9.1

그래프 G= (V, E)에서 노드의 개수 |V|= n일 때, 그래프에서 모든 각 노드들의 차수의 합은 연결선의 개수 |E|의 2배이다.

즉, $\sum_{i=1}^{n} d(v_i) = 2 \times |E|$

하나의 연결선은 항상 두 개의 노드를 연결한다. 노드의 차수는 그 노드에 연결된 연결선의 개수이다. 연결선 e는 노드 u, v를 연결하는 연결선일 때, 노드 u의 차수에서 포함되어 계산되고 v의 차수 계산에서도 포함되어 중복으로 계산된다. 이와 같이 하나의 노드에 대해 연결선은 항상 두 번씩 계산되므로 위의 정리 9.1이 성립한다.

> **정리 9.2** 오일러 경로, 오일러 순회에 관한 정리
>
> (1) 그래프 G가 오일러 경로를 가지기 위한 필요충분조건은 G가 연결 그래프이고 홀수 차수의 개수가 0 또는 2인 경우이다.
>
> (2) 그래프 G가 오일러 순회를 가지기 위한 필요충분조건은 G가 연결그래프이고 모든 노드들이 짝수 개의 차수를 가지는 경우이다.

【예제 9.5】 다음 그래프는 오일러 경로와 오일러 순회를 가지는지 답하여라.

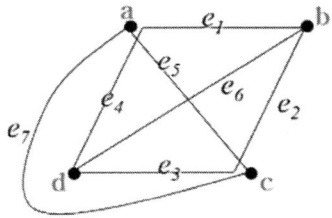

▶▶풀이

G가 연결 그래프이고 홀수 차수의 개수가 2개이므로 오일러 경로가 존재한다. 오일러 경로는 e1-e4-e3-e5-e7-e2-e6이다.

해밀턴 경로, 해밀턴 순회는 다음과 같이 정의 된다. 해밀턴 성질은 오일러 성질처럼 어떤 공식이 존재하는 것이 아니기 때문에 가능한 경로들을 모두 찾아봐야 한다.

- **해밀턴 경로(Hamiltonian path)** : 그래프에서 각 노드를 단 1번씩만 통과하는 경로
- **해밀턴 순회(Hamiltonian circuit)** : 그래프에서 각 노드를 단 1번씩만 통과하는 순회

【예제 9.6】 다음 그래프는 해밀턴 경로와 해밀턴 순회를 가진다. 굵은 선으로 그린 부분그래프가 해밀턴 순회이다.

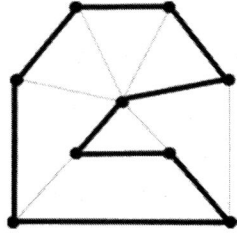

각 노드들을 한 번씩 지나는 경로를 하나씩 찾아보는 방법 밖에 없다.

순회 판매원 문제

해밀턴 순회의 응용으로 순회판매원 문제(Traveling salesperson problem)가 있다. 방문해야 할 도시들과 이들 사이의 거리가 주어진다. 순회판매원이 특정한 어떤 도시를 출발하여 <u>모든 도시를 단 한번씩만 방문하고 거쳐서</u> 처음 출발한 도시로 되돌아오는 해밀턴 순회를 찾는 문제이다. 단, <u>총 여행거리가 최소가 되는 순회를 찾는 문제이다.</u>

가중 그래프(weighted graph)

그래프에서 각 연결선에 0보다 큰 수를 할당하여 이 값을 **가중값(weight)**이라고 하며, 이와 같은 그래프를 **가중 그래프(weight graph)**라고 한다. 다음 그래프는 가중 그래프의 예이다.

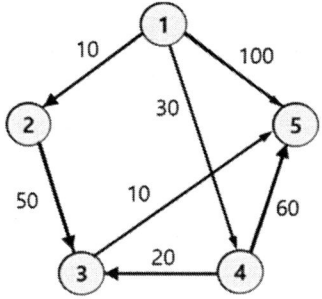

【예제 9.7】 다음 가중 그래프에서 최근접 이웃 방법을 적용한 해밀턴 순회를 만드시오.

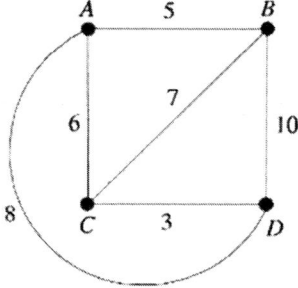

▶▶풀이

임의의 점 B로부터 시작하자. B와 가장 가까운 방문되지 않은 노드는 A이므로 아래 그림 (a)와 같이 A를 경로에 포함시킨다. 또한 C를 포함시키고 D와 B를 연결한다.

9장 ◆ 그래프와 트리

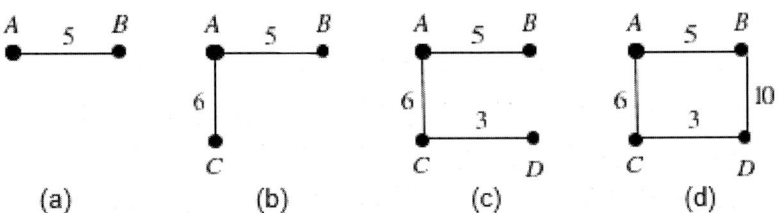

동형 그래프 (Isomorphic graph)

그래프 $G_1=(V_1, E_1)$과 $G_2=(V_2, E_2)$에서, 전단사함수 f: $V_1 \to V_2$가 존재하여 $(u, v) \in E_1 \Leftrightarrow$ (f(u), f(v)) $\in E_2$ 이면, f를 동형(isomorphism)이라고 하고 G_1과 G_2를 **동형 그래프**라 한다.

그림 9.5의 그래프는 동형그래프의 예이다. 두 그래프의 노드 수, 연결선의 수는 물론 같아야 하며, 두 그래프의 연결 상태가 같으며 각 노드들의 일대일 대응을 만족해야 한다. 전단사 함수 f = {(1, a), (2, b), (3, c), (4, d)}이다.

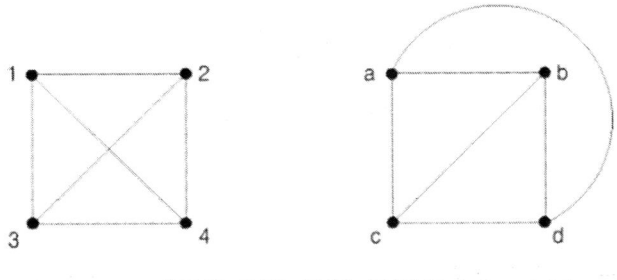

[그림 9.5] 동형 그래프

【예제 9.8】 다음 그래프 G_1과 G_2는 동형인지 답하고, 동형이라면 전단사함수 f: $V_1 \to V_2$를 보여라.

▶▶풀이
동형이다. 전단사 함수 f = { (a, p), (b, t), (c, s), (d, q), (e, r) }이다.

【예제 9.9】 다음 그래프 G_3과 G_4는 동형인가?

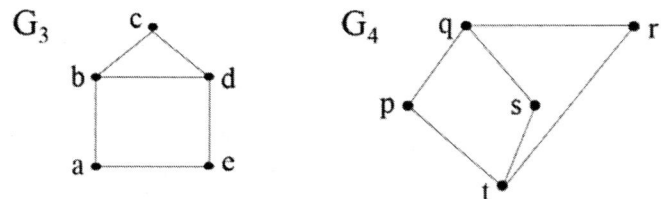

▶▶풀이
동형이 아니다. 먼저 특징적인 부분을 보자. 그래프 G_3에서 차수가 3인 노드는 b와 d 두 개이며, 서로 연결되어 있다. 하지만 그래프 G_4에서 차수가 3인 두 노드 q와 t는 서로 연결되어 있지 않기 때문에 두 그래프는 동형그래프가 아니다.

완전 그래프 (Complete graph)

그래프 G=(V, E)의 모든 노드들 사이에 연결선이 존재하면 G를 완전 그래프라고 한다. 즉, 각 노드가 자신외의 다른 모든 노드들과 연결선이 있는 그래프이다. n개의 노드로 구성된 완전 그래프는 K_n으로 표기한다. 그림 9.6은 완전 그래프 K_1~K_6이다.

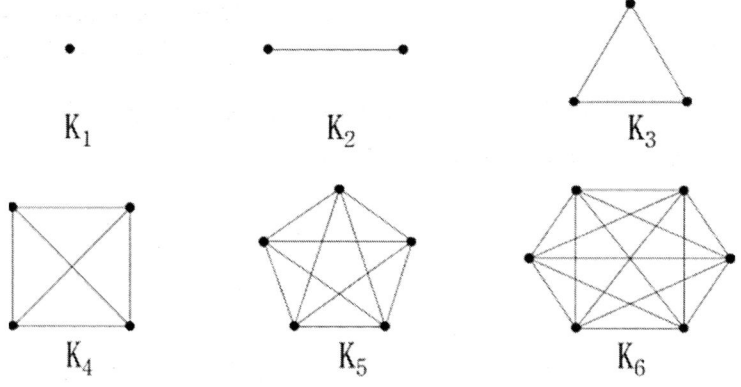

[그림 9.6] 완전 그래프 K_n

k차 정규그래프(k-nary regular graph)
그래프 G=(V, E)에서 모든 노드의 차수가 k이면 G를 k차 정규그래프라고 한다.

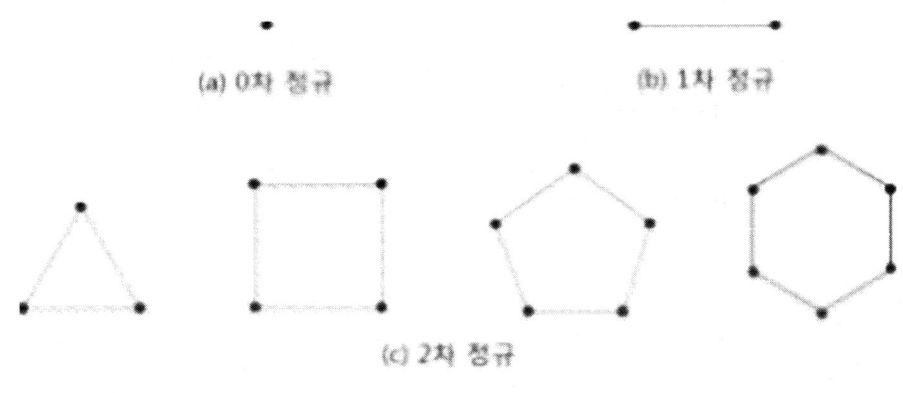

[그림 9.7] k차 정규그래프

이분 그래프 (Bipartite graph)
그래프 G=(V,E)에서 노드들의 집합 V가 두 부분집합 X와 Y로 (Y=V-X) 나누어져 각 연결선이 X에 속하는 노드와 Y에 속하는 노드의 쌍으로 연결이 되면, 그래프 G를 **이분 그래프**(bipartite graph)라고 한다.

이때, X의 모든 노드들과 Y의 모든 노드들 간에 각각 연결선이 모두 존재하면 G를 **완전이분그래프**(Complete bipartite graph)라고 한다. 따라서 완전이분그래프는 X와 Y 집합 사이에만 연결선이 존재하고 X내의 연결선 또는 Y내의 연결선은 존재하지 않는다.

다음 그림 9.8은 완전 이분 그래프의 예이다. X의 노드 개수가 m이고, Y의 노드 개수가 n일 때 완전 이분 그래프를 $K_{m,n}$으로 표기한다.

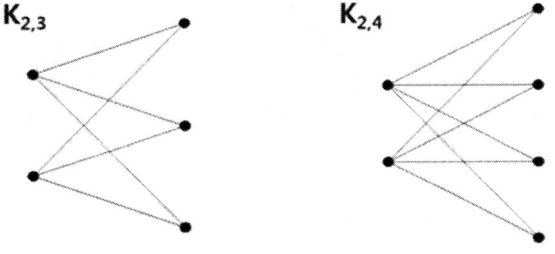

[그림 9.8] 완전 이분 그래프를 $K_{m,n}$

9-5 트리의 기본용어

트리의 정의와 트리에서 사용되는 용어를 정리한다.

> **[정의] 트리**
> 트리(tree)는 하나 이상의 노드로 구성된 유한집합으로 다음의 두 가지 조건을 만족한다.
>   (1) 특별히 지정된 노드인 루트(root)가 있고,
>   (2) 나머지 노드들은 다시 각각 트리이면서 교차하지 않는 $T_1, T_2, ..., T_n$ ($n≥0$)으로 나누어진다. (여기서, '교차하지 않는' 뜻은 'disjoint' 의미이다.)
> 이때 $T_1, T_2, ..., T_n$ ($n≥0$)을 루트의 서브트리(subtree)라고 한다.

트리에서 사용되는 용어

(1) 루트(root) : 주어진 그래프의 시작노드로서, 통상 트리의 가장 위에 위치함
(2) 차수(degree) : 어떤 노드의 차수란 그 노드의 서브 트리의 개수를 말함
(3) 단말 노드 혹은 잎 노드(leaf node) : 차수가 0인 노드
(4) 중간 노드 : 트리에서 단말 노드가 아닌 다른 모든 노드
(5) 자식 노드(children node) : 어떤 노드의 서브트리들의 각 루트 노드들
(6) 부모 노드(parent node) : 자식 노드의 반대 개념
(7) 형제 노드(sibling) : 동일한 부모를 가지는 노드
(8) 조상(ancestor) : 루트로부터 그 노드에 이르는 경로에 나타난 모든 노드들
(9) 자손(descendant) : 그 노드로부터 잎 노드에 이르는 경로 상에 나타난 모든 노드들
(10) 레벨(level) : 루트의 레벨을 1로 놓고 자손 노드로 내려가면서 하나씩 증가함.
   즉, 어떤 노드의 레벨이 k라면 그것의 자식 노드는 k+1이 된다.
(11) 높이(height) 혹은 깊이(depth) : 트리에서 노드가 가질 수 있는 최대 레벨
(12) 숲(forest) : 서로 교차하지 않는 트리들의 집합으로서 트리에서 루트를 제거하면 숲이 될 수 있다.

> **정리 9.3** 트리에 관한 정리
>
> 그래프 G=(V, E)에서 노드의 개수 |V|=n이고 연결선의 개수 |E|=e일 때 다음 문장은 모두 동치이다.
> (1) G는 트리이다.
> (2) G는 연결되어 있고 연결선의 개수는 e=n-1이다.
> (3) G는 연결되어 있으나, 어느 단 하나의 연결선을 제거한다면 G는 비연결(disconnected)이 된다.
> (4) G는 사이클을 가지지 않으며 e=n-1이다.
> (5) G는 사이클을 가지지 않으나, 어느 단 하나의 연결선을 첨가한다면 사이클을 형성하게 된다.

9-6 이진트리

> **[정의] 이진트리**
> 트리 T가 n-트리(n-ary tree)라는 말은 모든 중간노드들이 최대 n개의 자식노드를 가질 때를 말하며, 특히 n이 2인 경우를 이진트리(binary tree)라고 한다.
>
> • 이진트리(binary tree)는 노드들의 유한집합으로서,
> (1) 공집합이거나 (왼쪽, 오른쪽의 서브트리가 없는 경우)
> (2) 루트와 왼쪽 서브트리, 오른쪽 서브트리로 이루어진다.

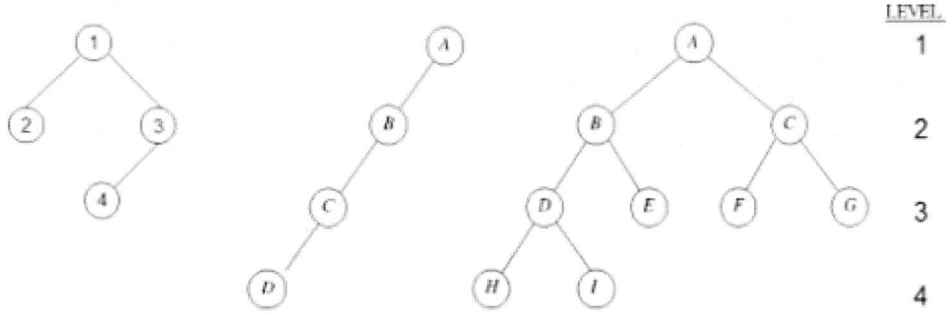

(a) 이진트리　　(b) 편향이진트리　　(c) 완전이진트리
[그림 9.9] 이진트리의 종류

[정의] 완전이진트리, 포화이진트리, 편향(사향)이진트리

- **완전이진트리(complete binary tree)** : 높이가 h일 때, 마지막 레벨 h를 제외하고 레벨 1부터 h-1까지 모든 노드가 두 개씩 채워있는 트리
- **포화이진트리(full binary tree)** : 모든 레벨이 완전히 채워져 있는 트리
- **편향(사향)이진트리(skewed binary tree)** : 왼쪽이나 오른쪽 서브트리만 갖는 트리

트리의 응용으로는 수식트리와 이진탐색트리 등이 있다.

수식트리	이진탐색트리
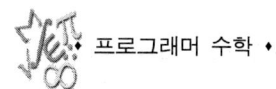	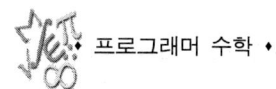
덧셈, 뺄셈, 곱셈, 나눗셈과 같이 이항식의 경우, 이진트리로 표현함. 위 수식트리는 a/(b-c)+d를 이진트리로 나타낸 예이다.	특정 값을 중심으로 그 수보다 크거나 작거나 한 조건으로 왼쪽 혹은 오른쪽 서브트리로 분류하여, 임의의 수를 탐색할 때 용이하도록 이진트리로 표현함.

정리 9.4

(1) 이진트리의 레벨 t에서 가질 수 있는 최대 노드 수는 2^{t-1}이다. (루트의 레벨 1로 둠)

(2) 깊이가 k인 이진트리가 가질 수 있는 최대 노드 수는 2^k-1이다. 또한 최소 노드 수는 각 레벨 당 노드가 하나 있을 경우 k이다.

정리 9.4의 (1)의 식은 다음과 같이 유도한다. 이진트리의 루트가 있는 레벨 1에서 가질 수 있는 최대 노드는 1개이며, 그 다음 레벨인 2에서는 루트가 최대 2개의 자식노드를 가질 수 있으므로 2개가 된다. 레벨 3에서는 레벨 2에 있는 두 개의 노드가 각각 자식노드를 2개씩 가질 경우이므로, 최대 노드 수는 2×2=4개이다. 또한, 레벨 4에서는 레벨 3의 네 개의 노드가 각각 자식노드를 2개씩 가질 경우이므로 최대 노드 수는 4×2=(2×2)×2=8개, 즉 $2^{4-1}=2^3$이다. 이런 식으로 반복적으로 계산하면, 레벨 t에서는 최대 노드 수는 2^{t-1}이 된다.

정리 9.4의 (2)의 식은 레벨 1부터 k까지의 각 레벨에서 가질 수 있는 최대 노드 수들을 모두 합하면 구해진다. 즉, 각 레벨에서 가질 수 있는 최대 노드 수의 합은 $2^0+2^1+2^2+...+2^{k-1}$ 으로 이를 등비수열의 합의 공식을 이용해서 풀면 2^k-1이 된다. 또한 최소노드 수는 각 레벨 당 노드가 하나씩만 있을 경우이므로 k가 된다.

9-7 이진트리의 탐방

트리의 가장 중요한 활용은 자료들을 저장하여 필요시 저장된 자료들을 찾아서 사용하는 것이다. 이진 트리에 저장된 자료들을 찾는 것을 이진탐색트리라고 하며, 자료를 찾는데 사용되는 방법을 이진트리탐방(binary tree traversal) 알고리즘이라고 한다. 이러한 이진트리탐방 알고리즘을 세 가지로 분류해 설명한다. 이진트리의 탐방은 여러 가지 응용에 널리 쓰이고 있으며 각 노드와 그의 서브트리를 재귀적인 방법으로 탐방한다. 만약 L, D, R을 각각 왼쪽 탐방, 데이터 처리, 오른쪽 탐방을 나타낸다고 하고, 왼쪽을 오른쪽보다 먼저 방문한다고 가정하면 LDR, DLR, LRD의 3가지 경우가 있다. 이들 LDR, DLR, LRD를 각각 중순위(inorder), 전순위(preorder), 후순위(postorder)탐방이라고 하며, 수식표현에서 중순위(infix)표기, 전순위(prefix)표기와 후순위(postfix)표기라고 한다.

이진 트리의 수학적 표현
산술식을 표현하기 위해 이진트리를 사용할 수 있다. 산술식 A*(B+C)/D-E를 이진트리로 표현한 예는 그림 9.10과 같다. 트리에서 중간노드들은 이항연산자를 나타내고 잎노드는 피연산자를 나타낸다. 중순위 탐방, 전순위 탐방, 후순위 탐방을 설명하면서 그림 9.10의 이진트리로 각 탐방을 수행해본다.

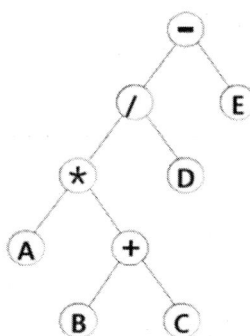

[그림 9.10] 산술식 A*(B+C)/D-E의 이진트리 표현

(1) 중순위 탐방(inorder traversal)

중순위 탐방은 루트에서 시작하여 트리의 각 노드에 대하여 다음과 같은 재귀적 (recursive)방법으로 정의된다.
   (1) 트리의 왼쪽 서브트리를 탐방한다.
   (2) 노드를 방문하고 데이터를 처리(프린트 등 작업수행)한다.
   (3) 트리의 오른쪽 서브트리를 탐방한다.

```
void   inorder(TREE *currentnode)
{
        if(currentnode!=   NULL)
     {  inorder(currentnode->leftchild);
         printf("%c", currentnode->data);
         inorder(currentnode->rightchild); }
}
```

중순위 탐방을 그림 9.10의 이진트리에 수행하면 노드가 방문되는 순서는 (즉, 노드의 데이터가 처리되는 순서는) A / B - C * D + E 이다. 우리가 수식을 통상 사용하는 중순위로 표현이 된다.

(2) 전순위 탐방(preorder traversal)

전순위 탐방은 루트에서 시작하여 트리의 각 노드에 대하여 다음과 같은 재귀적 방법으로 정의된다.
   (1) 노드를 방문하고 데이터를 처리(프린트 등 작업수행)한다.

(2) 트리의 왼쪽 서브트리를 탐방한다.
(3) 트리의 오른쪽 서브트리를 탐방한다.

```
void preorder(TREE *currentnode)
{
        if(currentnode != NULL)
        {
            printf("%c", curremtmpde->data);
            preorder(currentnode->leftchild);
            preorder(currentnode->rightchild);   }
}
```

전순위 탐방을 그림 9.10의 이진트리에 수행하면 노드가 방문되는 순서는 (즉, 노드의 데이터가 처리되는 순서는) + * / A - B C D E 이다.

(3) 후순위 탐방(postorder traversal)

후순위 탐방은 루트에서 시작하여 트리의 각 노드에 대하여 다음과 같은 재귀적 방법으로 정의된다.
   (1) 트리의 왼쪽 서브트리를 탐방한다.
   (2) 트리의 오른쪽 서브트리를 탐방한다.
   (3) 노드를 방문하고 데이터를 처리(프린트 등 작업수행)한다.

```
void postorder(TREE *currentnode)
{
        if(currentnode != NULL)
        {
            preorder(currentnode->leftchild);
            printf("%c", curremtmpde->data);
            preorder(currentnode->rightchild);   }
}
```

후순위 탐방을 그림 9.10의 이진트리에 수행하면 노드가 방문되는 순서는 (즉, 노드의 데이터가 처리되는 순서는) A B C - / D * E + 이다.

【예제 9.10】 다음 이진트리에서 중순위 탐방, 전순위 탐방, 후순위 탐방의 결과를 각각 답하여라.

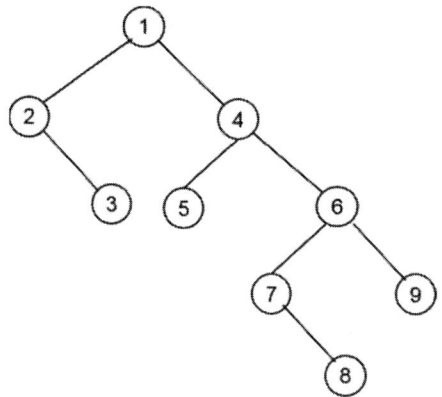

▶▶풀이
중순위 탐방 : 2, 3, 1, 5, 4, 7, 8, 6, 9
전순위 탐방 : 1, 2, 3, 4, 5, 6, 7, 8, 9
후순위 탐방 : 3, 2, 5, 8, 7, 9, 6, 4, 1

【예제 9.11】 다음 이진트리에서 중순위탐방, 전순위탐방, 후순위탐방의 결과를 각각 밝혀라.

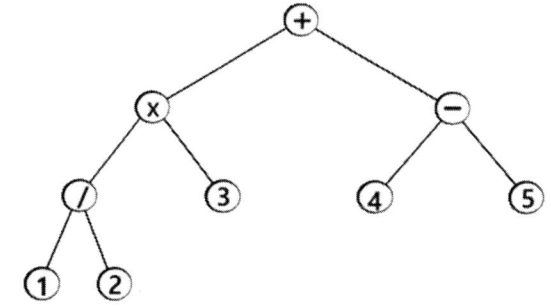

▶▶풀이
중순위 : 1 / 2 x 3 + 4 - 5
전순위 : + x / 1 2 3 - 4 5
후순위 : 1 2 / 3 x 4 6 - +

〖 9장 연습문제 〗

1. 다음 그래프에 대해 물음에 답하시오.

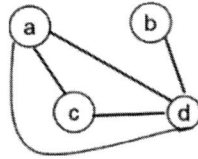

 (1) 각 노드의 차수
 (2) 오일러 경로를 만족하는지 답하고, 그 경로를 쓰시오.

2. 다음 그래프에서 생성부분그래프는 몇 개 존재하는지 답하고, 생성부분그래프를 모두 그리시오.

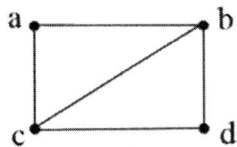

3. 다음 그래프에 대해 물음에 답하시오.

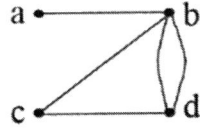

 (1) 인접행렬로 나타내시오.
 (2) 인접리스트로 나타내시오.

4. 다음 인접행렬을 그래프로 나타내시오.

(1) $\begin{array}{c} \\ a \\ b \\ c \\ d \end{array} \begin{array}{c} a\ b\ c\ d \\ \begin{bmatrix} 1 & 0 & 1 & 1 \\ 0 & 1 & 1 & 0 \\ 1 & 1 & 0 & 1 \\ 1 & 0 & 1 & 0 \end{bmatrix} \end{array}$

(2) $\begin{array}{c} \\ a \\ b \\ c \\ d \\ e \end{array} \begin{array}{c} a\ b\ c\ d\ e \\ \begin{bmatrix} 0 & 0 & 1 & 1 & 1 \\ 0 & 0 & 1 & 0 & 1 \\ 1 & 1 & 0 & 1 & 0 \\ 1 & 0 & 1 & 1 & 1 \\ 1 & 1 & 0 & 1 & 0 \end{bmatrix} \end{array}$

5. 다음 그래프에 해밀턴 경로 또는 해밀턴 순회(싸이클)이 존재하는지 판별하시오.

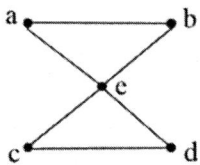

6. 그래프 G_1과 G_2는 동형인지 답하고, 동형이라면 전단사함수 $f: V_1 \rightarrow V_2$를 보여라.

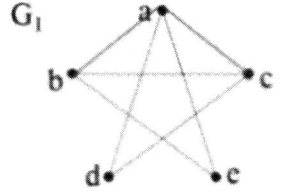 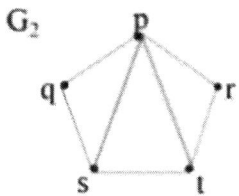

7. 트리의 깊이가 4이고 잎 노드의 수가 5개인 이진트리를 그리시오.

8. 다음 이진트리에서 중순위 탐방, 전순위 탐방, 후순위 탐방의 결과를 각각 답하여라.

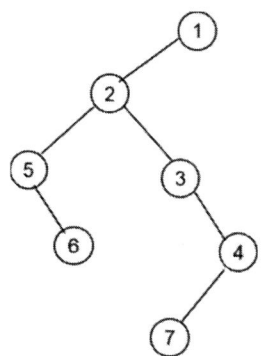

[참고 문헌]

[1] Ross K.A. and Wright, Discrete Mathematics, C.R.B, Prentice-Hall, 1988

[2] Goodaire and Parmeter, Discrete Mathematics with Graph Theory, PrenticeHall 2006.

[3] 이주영 외 번역, 이산수학 및 응용, 한티미디어, 2005

[4] 주형석, PLD: Programming Logic and Design using Flowchart, IT미디어, 2008

[5] 김대수, 전산수학, 생능, 1997

[6] 김종훈, 프로그래밍 비타민, 한빛미디어, 2015

프로그래머 수학
- 프로그래머를 위한 이산수학 -

2020년 2월 20일 초판 1쇄 인쇄
2020년 2월 25일 초판 1쇄 발행

저　자	|	이주영 著
		(덕성여자대학교 교수)
발 행 처	|	도서출판 에듀컨텐츠휴피아
발 행 인	|	李 相 烈
등록번호	|	제2017-000042호 (2002년 1월 9일 신고등록)
주　소	|	서울 광진구 자양로 28길 98
전　화	|	(02) 443-6366
팩　스	|	(02) 443-6376
e-mail	|	iknowledge@naver.com
web	|	http://cafe.naver.com/eduhuepia
만든사람들	|	기획·김수아 / 책임편집·이진훈 황혜영 이강빈 김정연 디자인·유충현 / 영업·이순우
I S B N	|	978-89-6356-275-9 (93000)
정　가	|	14,000원

ⓒ 2020, 이주영, 에듀컨텐츠휴피아

> * 이 도서의 국립중앙도서관 출판예정도서목록(CIP)은 서지정보유통지원시스템 홈페이지(http://seoji.nl.go.kr)와 국가자료종합목록구축시스템(http://kolis-net.nl.go.kr)에서 이용하실 수 있습니다. (CIP제어번호 : CIP2020008965)
> * 이 도서는 저작권법에 따라 보호받는 저작물이므로 무단전재와 무단복제를 금지하며, 이 책 내용의 전부 또는 일부를 이용하려면 반드시 저작권자 및 에듀컨텐츠휴피아 출판사의 서면 동의를 받아야 합니다.